イエネコのルーツとみられたヤマネコたち

ヨーロッパヤマネコ

(頭胴長)50〜65㎝
(尻尾)21〜35㎝
ヨーロッパ、トルコ、コーカサス山脈の森林や草原に棲息《せいそく》する。ずんぐりとした四肢と胴体、丸形の顔と耳、密生した被毛をもつ。先端が黒くて丸い尻尾も特徴のひとつ。(写真:iStock)

リビアヤマネコ

(頭胴長)45〜73㎝
(尻尾)23〜35㎝
アフリカ北部から中東・西アジアに棲息する。灰褐色《はいかっしょく》の被毛、顔と四肢のしま模様が特徴。イエネコに比べ体躯《たいく》はやや細い。(写真:iStock)

アフリカヤマネコ

（頭胴長）45〜73㎝
（尻尾）23〜35㎝
アフリカ南部に棲息する。ヨーロッパヤマネコの亜種であり、四肢としっぽのしま模様などリビアヤマネコに似た特徴をもつ。（写真：iStock）

ジャングルキャット

（頭胴長）50〜75㎝
（尻尾）25〜35㎝
エジプト北東部、アラビア北部からイラク、インド、ミャンマーの乾燥した森林、サバンナ、低木地帯、湖沼《こしょう》付近の葦原《あしはら》に棲息する。ほかのヤマネコ類に比べて尾が短く、足が長い。（写真：iStock）

日本のヤマネコ

イリオモテヤマネコ

(頭胴長)50〜60㎝ (尻尾)23〜24㎝
沖縄県西表《いりおもて》島にのみ棲息する。トカゲ、ヘビ、カエル、昆虫、コウモリ、鳥類、魚類など様々な生物を幅広くエサにする。潜水して魚を捕まえることもあり、山麓から海岸にかけての低地地帯を好む。(写真:環境省西表野生生物保護センター)

ツシマヤマネコ

(頭胴長)50〜60㎝ (尻尾)20〜25㎝
長崎県対馬《つしま》にのみ棲息する。胴長短足で、イエネコと同じまたは一回り大きい。額の縦じまと先の丸い耳、太くて長い尻尾、耳介《じかい》の背面にある「虎耳状斑《こじじょうはん》」などが特徴。
(写真:環境省対馬野生生物保護センター)

イエネコ

(頭胴長)30〜75㎝ (尻尾)20〜40㎝
ヨーロッパヤマネコの亜種リビアヤマネコを原種としている。優れた平衡感覚や柔軟性、瞬発力をもつ。人の手によって様々な品種が生み出されている。

下町の路地で出会ったネコ一家。サビ模様の母ネコと三毛、茶トラの子ネコ3匹。

はじめに

ネコはひみつの多い生き物です。そのルーツや行動などは、知っているようで正確にはよくわかっていません。真の姿はおぼろげで、まるで薄いベールに包まれているかのよう。謎の多さからすれば、それを解き明かすネコ学なるものがあってもよさそうなものです。

このネコ学、このところ新事実が少しずつ見つかり、進展を見せています。約9500年前の遺跡から人とともに埋葬されたネコの化石が発掘され、子育てにオスも参加しているなどの新発見もありました。

新たな情報は、生化学的なもの、考古学的なもの、動物行動学的なものなど、専門分野が多岐にわたります。多角的でバラバラな情報を、ネコを中心としてまとめていけば、もう少しネコのことがわかってくるのではないかと考えられています。

ネコ学を発展させるには、こうした事実に基づいて科学的な仮説を立てることが大切です。仮説がないと霧の中をさまよい歩くようなもので、堂々巡りと水掛け論の繰り返しになり、学問は一向に発展しません。たとえその仮説が未来では誤りになるとしても、打ち立てることには意義があります。

仮説に基づいて証拠を集め、科学的な正しさを追求する。そして仮説が誤りだと気づいたら、こだわることなく修正する。この繰り返しがネコ学発展の礎《いしずえ》となるでしょう。

そしてもうひとつ、ネコ学を進めるには、ネコ以外のことにも目を向けなくてはなりません。動物学全般の幅広い知識はもちろんのこと、考古学や世界史への造詣も必要です。たとえば、本書の肝となる「ネコのルーツ」についてならば、最新のＤＮＡ解析のデータに頼ってばかりではいけません。遺跡から出た考古学的な発見に基づく事実も併せて考え、さらに、一見ネコとはあまり関係がなさそうな野ネズミについての最新報告も加えて、仮説を立てるのです。

ＤＮＡ解析から得られた「ネコの祖先は中東の砂漠にある」という情報に、農耕・定住の世界史的事実、発掘された化石から見る人とネコの関係、野ネズミと人の攻防、さまざまな情報から立証されたその新説とは……本書の第2章で紹介しましょう。

こうした仮説は、定説を打ち破る新たな発見の種となります。たとえば、これまで「ネコは単独性でオスは子育てに一切関与しない」といわれてきました。ですが、実際にネコを観察していると父ネコと思しきオスの姿が母子の近くに見え隠れしていました。

このとき、ネコに限らず動物学全般から考えてみると、「イヌ科動物や霊長類の多くと同様に、ネコもオスが子育てに参加しているのかもしれない」という疑念が湧いてきます。そんな仮説をもってネコの行動に注意を払っていると、今まで見落としていたネコの行動が意味のあるものだったということに気づくのです。

本書は、現時点で考えうるさまざまなネコの新説を紹介しています。これまでに得られたあらゆるネコ情報をまとめて、多方面から考え抜かれた説ばかりです。なかでも、ネコにおいて最も謎が深いそのルーツについては、人とネコの絆の歴史を紐解くことで「飼いネコ」誕生のひみつに迫ることができました。

ぜひ、読者の皆さんにはこれを叩き台として、ネコの真の姿を探る旅に出かけていただきたいと思います。誰もが納得できるネコの真の姿はどこにあるのでしょうか。薄いベールをそっとあげて、ネコのひみつを見てみたいものです。

飼い猫のひみつ●目次

第1章　ネコはなぜ人を魅了するのか?

第2章 〝孤独な狩人〟から〝かわいい隣人〟へ

第3章 世界史とネコ

第4章 現代のネコ事情

第1章 ネコはなぜ人を魅了するのか？

ネコは美しくて面白い

ネコは魅力的な生き物です。それも半端じゃありません。超がつくほどです。子ネコをみると、「かわいい〜!」と喜ぶ人がいます。「見て見て、あの手〜!」などと、心の底から叫び声をあげます。昨今は、「ネコノミクス」ともいわれる空前のネコブームが到来し、ネコを愛する人がずいぶん増えました。

一般社団法人ペットフード協会の調査によると、現在ネコの飼育頭数は984万7千頭で、対するイヌは987万8千頭です。まだまだイヌの方が多いようですが、経年変化を見ると、イヌの飼育頭数は減少傾向にある一方で、ネコの飼育頭数はほぼ変わりません。数年後には、ネコの数がイヌの数を上回るなんてことも考えられます。

ネコは美しく、気品にあふれた動物です。すまし顔でマイペースですが、ツンとしているわけではありません。興味をひかれれば、ゴロンと転がって戯《たわむ》れ、ネコじゃらしにも夢中になります。忍び寄り、取っ組み合うこともあります。そんなネコたちを見ていると、飽

世界で初めて撮影できた野性のイリオモテヤマネコ（撮影:著者）

きることがありません。天真爛漫《てんしんらんまん》な姿に癒されるのです。

ほ乳《にゅう》動物学者である私も、ネコに魅了されたひとりです。そのきっかけは、イリオモテヤマネコの研究に関わったことでした。

もう50年近くも前のことになりますが、沖縄は西表島《いりおもてじま》の森の奥で、ヤマネコたちを何日間も追い続けていました。自然豊かな西表島での日々は、都会では得難い体験に満ちていました。

――昼間の原生林がいくつもの濃度と色彩をもつ緑色の植物の世界なら、夜の原生林はさまざまな音階と音色をもつ動物の世界だ。

ヤマネコを待つあいだ、カエルやコノハズク、クイナの合唱に聞きほれていると、いつしか催眠状態に陥《おちい》ってしまう。人は暗闇で視界が利かないと、脳まで働かなくなる。目の前、およそ7mにセットしてある囮《おとり》のニワトリは、うずくまり、死んだように動かない。眠っているのだ。

息を殺して夜目にも白いニワトリを見つめていると、頭のなかで勝手にヤマネコが現れ、黒い影となってニワトリに忍び寄ってくる。錯覚が作り出す幻想だ――

……というのは、島での体感です。ヤマネコたちに迫るうちに、彼らの美しさ、未知の行動にのめりこんでいきました。

ネコがかわいい10の理由

かつてイギリスの動物学者デズモンド・モリスが「人間にとってジャイアントパンダはなぜかわいらしく見えるのか」について、20の特徴を挙げたことがありました。「かわいい理由を考えるなんて、何のために?」と、不可解に思えるかもしれませんが、冷静な視点によって対象がより鮮明に見えてくることもあるのです。
モリスが挙げた特徴から考えると、どうやら私たち人間は動物たちに「人間の赤ちゃん」に近しい点を見つけては、かわいい～っと身悶《もだ》えているようです。たとえば、レッサーパンダが二本足で立つと、見物客が押し寄せるほどの人気になります。
では、ネコがかわいい・魅力的に見える理由は何でしょうか?

顔立ちが平坦であること

ネコがふいとそっぽを向いたとき、彼らの横顔を見つめてみましょう。ネコの口先部分は、イヌ科動物に比べて突出していません。額から鼻先をとおり顎《あご》までのラインは、実は人間と似ており、その横顔は思慮深く感じられます。

顔の割に目が大きいこと

ネコの顔の割合から鑑みると、人間であればその目の大きさは野球のボールほどになります。人間も含めてほ乳類の赤ちゃんは目が大きく、こうした外見にはとくに幼く感じられ、庇護欲がわくと考えられます。

小さなものを巧みに扱えること

不審なものを見つけたとき、イヌは口を使いますが、ネコはチョイチョイとパンチをしてそれが何なのかを確かめます。器用に手を使うという点は、道具を用いる人間とも似ている、ネコの特徴です。

殺し屋でなくなった殺し屋であること

小鳥や虫を見つけると、ネコの目はランランと輝きだします。身を低く伏せ、タイミングを計って飛び出し、あっという間に獲物はその手の下……精練された殺し屋に豹変するのです。ぐうたらと野性の二面性は、ネコがミステリアスな理由のひとつです。

人間に危害を加えず、友好的であること

ネコが人と暮らすようになるまでに、「ヤマネコ」という動物が存在します。彼らはある程度しか人になれることがない野生動物です。一方、ネコは人によくなれ、時間をかければ、その多くは私たちに友好的もしくは無関心になってくれます。イヌのような従順さはありませんが、まるで家族か、恋人か、はたまたのろまで大きなライオンであるかのように、私たちに接します。

性別がないこと

見た目から性別の差がわかるほど性的に成熟するということは、すなわち外見的に「大人」になったということです。一方で、ネコは性成熟しても、一見で性別を判断することができません。いつまでも、まだまだ子どもであるかのように私たちに感じさせます。だからこそ、守るべき「幼さ」をもつ存在として私たちの目にかわいく映るのでしょう。

遊び好きなこと

ネコはおよそ8か月で「一人前」となり、親もとを離れて独り立ちします。8か月を越えた「大人」になっても、獲物を捕らえて弄ぶといった「遊び」を頻繁に行います。動くものを追う本能と、優れた知能を併せもつからこその習性です。

じっとしているだけではなく、ときには俊敏によく動き、私たちが起こしたアクションに豊かに反応してくれるという点は、共に暮らしていると実に興味深く感じられます。

ぶきっちょであること

獲物を捕まえるまでは腕を器用に使うのですが、指が短いため細かな作業はてんでできません。たとえば小鳥の羽をむしるとなるとぶきっちょさが現れて苦戦したり、金魚を掬《すく》いあげたはいいが掴《つか》めなかったり……狩りではあんなに俊敏だったのに、急に鈍くさくなるギャップもネコの魅力のひとつでしょう。

とても手触りがよく、ソフトな感じがすること

やわらかでふわふわとしたネコの毛並みは、ひと撫《な》でするごとにネコと暮らす喜びを私たちに与えてくれます。例外的に、「スフィンクス」といった無毛の品種がいますが、多くのネコは豊かな被毛をもち、自ら進んで頻繁にメンテナンスを行っています。

外形が丸っこいこと

動物の赤ちゃんの多くは、手足が短く口先は寸詰まりな体形をしています。大人になるにつれ、丸みを帯びた部分は徐々に変化していきます。イヌなら口先はより長くなり、キツネは尖った耳が目立つようになります。

ころころと丸いシルエットとは「幼さ」を表しており、大人になっても手足が短く全体的に角がないネコは、いつまでも幼く見えるのです。

私たちは、まるで人間の子どものように感じる仕草やかたちを、ネコの中に見出しては「かわいい～っ」と身悶えているようです。しかし、動物学の観点から考えると、ネコが非常に魅力的である理由は、かわいさだけではなく、その習性と歴史にあると私は思います。

もう50年近くも前、ドイツのマックスプランクのネコ科動物行動研究所の専門家パウル・ライハウゼン氏が来日し、ネコ科動物を調べることがいかに大切で面白いことか、その魅力を日本人の研究者に説いたことがありました。

その例をひとつ挙げるならば、「ネコ科動物はほ乳類のなかでも大変人間に似た点のある生き物だ」ということでしょう。それは、ネコ科動物に特有の、親（とくに母親）が子どもに生きる術を教えるという習性です。

世界には多くの肉食動物がいます。そのなかでも、イヌ科をはじめとする群れて狩りをする動物とは異なり、ネコ科の動物は孤独なハンターです。

イヌ科動物が仲間との連携によって狩りを学ぶ一方で、ネコ科動物は母親の指導によって狩りの技術を身につけていきます。独り立ちしても食べていけるように、子ネコは母ネコの技術を目で盗みます。まるで、腕利きの職人のもとにいる見習いたちのように。

母から教えられるのは、狩りの技術だけではありません。他所のネコと出会ったときの挨拶の仕方や、食べられるものの見分け方など、さまざまな世渡り術を学びます。人間のもとに居ながらも、野性を失わない二面性。人間の教育にも似た一子相伝の習性。そして、（これから説明しますが）人間とネコが共生するまでには、いまだ謎につつまれている進化の謎が存在しています。なんと面白い、魅力的な生き物でしょうか！

以来、私の興味はネコ科動物から離れることがありません。それまではモグラ、ネズミ、コウモリを中心とした小形ほ乳類の調査・研究に没頭していたのですが、すっかりネコ科の虜になってしまいました。

ネコの魅力の奥にあるもの

人間にとってネコがかわいく見える理由として、「人間の赤ちゃん」に通じる幼さや外見をもっている点を紹介しました。実は、ネコが「人間にとってかわいく見える」ということは、ネコの進化と深く結びついています。

ネコは、生物学上は「イエネコ」と呼ばれています。あなたの膝の上にいる「飼いネコ」も、路地裏や店先で見かけるような「ノラネコ」も、人気《ひとけ》のない山林で狩りをして暮らしている「ノネコ」であっても、生物学上は「イエネコ」と定義されています。（本書では、イエネコが多数登場するわけですが、「イエネコ」というのも少々なじみが薄いので、説明の都合上、「イエネコ」はすべて、ネコと表記しています。）

ネコは、現存する「ヤマネコ」が家畜化されて誕生した生き物です。一万年前、驚くべきことに、「ある理由」から自ら人間の家畜になったと考えられています。そしてその全貌は、いまだ明確にはわかっていません。

しかし、実は、「ネコがかわいく見える理由」は、その謎を解く足掛かりになりました。ネコがかわいく魅力的であることが彼らの進化のうえで重大な意味をもっていたのです。ネコが歩いてきた一万年に思考を巡らせるには、彼らの属する「ネコ科」の生き物について知り、ネコ科が誕生するまでの6000万年について知らねばなりません。かわいいネコとはしばしお別れして、彼らのルーツである野生ネコをたどる歴史の旅へ出かけましょう。

ネコの歴史をひもとく

上野動物園でインドライオンを眺めていると、

「あら、ライオンってネコの仲間だって！　ネコ科って書いてあるわ！」

というお客さんの話し声が聞こえてきました。

そう、ライオンはネコ科です。大形や小形といった差はありますが、分類学では、巨大なライオンやトラなども、私たちの身近なネコと同じネコ科というグループにまとめられています。

ネコ科動物たちは、大形、中形、小形に分けられます。大部分は小形から中形で、どれもがネコのように小鳥やネズミ類を捕食しています。その感覚器官は鋭く、知能は高く、四《し》肢《し》はしなやかで軽快です。

大形では、百獣の王と呼ばれるライオン、密林の王者と評されるトラ、サバンナを駆け

ミアキス

抜けるチーターなどがいます。みな、すばやく行動し、草食獣からすれば恐ろしく凶暴で獰猛《どうもう》な動物です。

　中形のオオヤマネコやカラカルなども、大形のネコたちに比べれば獲物が中形にはなりますが、同じように俊敏《しゅんびん》な狩りの名手です。そして小形には、私たちの身近なネコ、イエネコがいます。

　ライオンからネコまで、ネコ科動物は大きさも見た目もさまざまですが、そのルーツをたどると「ミアキス」と呼ばれる体長20㎝くらいのイタチのような動物に行き着きます。

　ミアキスは〝食肉類の祖先〟といわれています。食肉類とはほ乳動物の分類のひとつで、臼歯《きゅうし》（ほ乳動物の歯列の最も奥にある歯）の縁が鋭い刃となった、裂肉歯《れっにくし》をもっているのが特徴です。このミアキスも、もちろん裂肉歯をもっています。

身近な動物だと、肉食のイヌはもちろん、おもに草食であるパンダなども食肉類に含まれます。ほかには、イタチ、スカンク、アザラシなども、スタートをたどればみなミアキスに行き着く、ということになります。

ミアキスがいた時代は、今から6170万～3720万年も前のこと。暁《ぎょう》新世《しんせい》中期～始《し》新世《しんせい》中期にあたります。地上の王者だった恐竜が絶滅して白亜紀《はくあき》が終わり、暁新世が始まりました。

恐竜がいなくなってできた空白地帯には、鳥類とほ乳類が進出して大発展します。両類のどちらにも「食うもの・食われるもの」が現れ、壮絶な生存競争が繰りひろげられました。

白亜紀末から暁新世、始新世と続く時代はほ乳類にとって重要です。それは現生のおもな「目《もく》」の祖先が一通り出現したからです。

生物学は、さまざまな動物を分類し、比較し、記録・研究することで発展してきました。

その分類は大きい順に「綱《こう》」「目」「科《か》」「属《ぞく》」「種《しゅ》」という項目に分けられています。「目」とは、化石から調べたおもに歯の様子から分類されています。食肉目であれば、裂肉歯をもつかどうかが判断基準になるわけです。

ちなみに、「目」や「科」と混同されやすい「類《るい》」とは、「生き物」のことを意味します。つまり、「食肉類」は「食肉目の生き物」を、「ネコ類」は「ネコ科の生き物」を指しています。本書にもたびたび登場するので、頭の片隅に置いておいてください。

さて、「目」の祖先にはどんな動物がいたかというと、霊長目《れいちょうもく》のプルガトリウス、げっ歯目のパラミス、奇蹄目《きていもく》のパレオテリウム、偶蹄目《ぐうていもく》のディアゴデキシスなどが挙げられます。

今も現存する動物が分類されている「〇〇目」のルーツとなる動物たちがこの時代に登場しました。ネコたちが属する食肉目も同じであって、その祖先がミアキスということなのです。

ミアキス、獰猛な肉歯類に打ち勝つ

何千万年も昔、弱肉強食の世界をミアキスはどう生きぬき、ネコが登場するにいたったのでしょうか。ミアキスは、ほ乳類としてはちょっと出遅れ組でした。暁新世も中期になってからだったために、強い動物を避け森林の木の上でこそこそと動き回っていました。

地上で大きな顔をしていたのは、ヒアエノドンやオキシハイエナなどの肉歯類《にくしるい》です。彼らはきわめて原始的で獰猛で、そして貪欲でした。この環境では、ミアキスの出番はないように思えます。しかし、微妙なちがいがミアキスを成功させました。

さてここで、私たちの身近なネコを観察してみましょう。ネコが肉を咬《か》み切ろうとするのをじっと見てみると、顔をやや下向き加減にして、少し傾けて奥歯を使って肉を咬んでいることがわかります。これは、肉が裂肉歯のところにくるように調節しているためです。

一方で、肉歯類がもつ裂肉歯のような歯は、食肉類よりももっと奥にありました。ということは、肉歯類は、肉を口の奥に送ってから咬む必要があるということ。そのため、斜め上方を向いたりして肉を咬み切っていました。

うつむき加減で肉を咬み切るのと、上向き加減で肉を咬み切るのとでは、たいしたちがいはなさそうに思えます。ですが、肉歯類たちがゆうゆうと上向き加減で肉を食べている隙《すき》を狙って、ミアキスがすばやく獲物を盗むことがあったかもしれません。この微妙な構造のちがいが、やがて肉歯類の絶滅という現象を引き起こしました。

進化では少しでも効率のよいものが生き残ります。ほんのわずかなちがいが、獰猛な肉歯類を衰退させ、食肉類の時代が到来したのです。

ネコ科の登場

始新世も終わりに近づくと、食肉類は森のなかでどんどん繁栄し、ミアキスの仲間も多種多様になっていきました。そのうちに、イタチ科、イヌ科、ジャコウネコ科などが現れ、森の周囲に広がる草原や湿地、砂漠などに生活の場を拡大していきました。

このとき、森のなかに居続けて進化してきたのがネコ科動物です。そのうちに、ネコ科の祖とされるプロアイルルスが登場しました。プロアイルルスは、少し大形ながらも原始的なネコ類です。おもに地上で活動しましたが、いざというときは木に駆け登って難を逃れていました。今のネコの習性はこのころに身につけたものだといえます。

始新世に続く漸新世《ぜんしんせい》（3390万〜2303万年前）に入ると、プロアイルルスは多くのネコ類に分枝しました。さまざまな特徴をもっていますが、大きくふたつのグループに分けられます。

ひとつは、漸新世の初期に分かれ出たメタイルルスとその仲間です。そのなかには、ゾウやマンモスの幼獣を好みの獲物とした、体長およそ2メートルを超えたとされる恐るべきホモテリウムや、どっしりとした鈍重な体つきで長い犬歯をもったものもいました。足の遅い大形の草食動物を獲物にしていたようです。

もうひとつは、ずっと遅れて漸新世の次の中新世《ちゅうしんせい》（2303万〜533・2万年前）に分かれ出たプセウダエルルスとその仲間です。こちらはやがてネコにいたるルートです。

この枝からは、有名な化石ネコ（化石しか存在しない絶滅した原生ネコ）類が分枝しています。およそ1500万年前に登場した、通称「サーベルタイガー（剣歯虎《けんしこ》）」です。そ

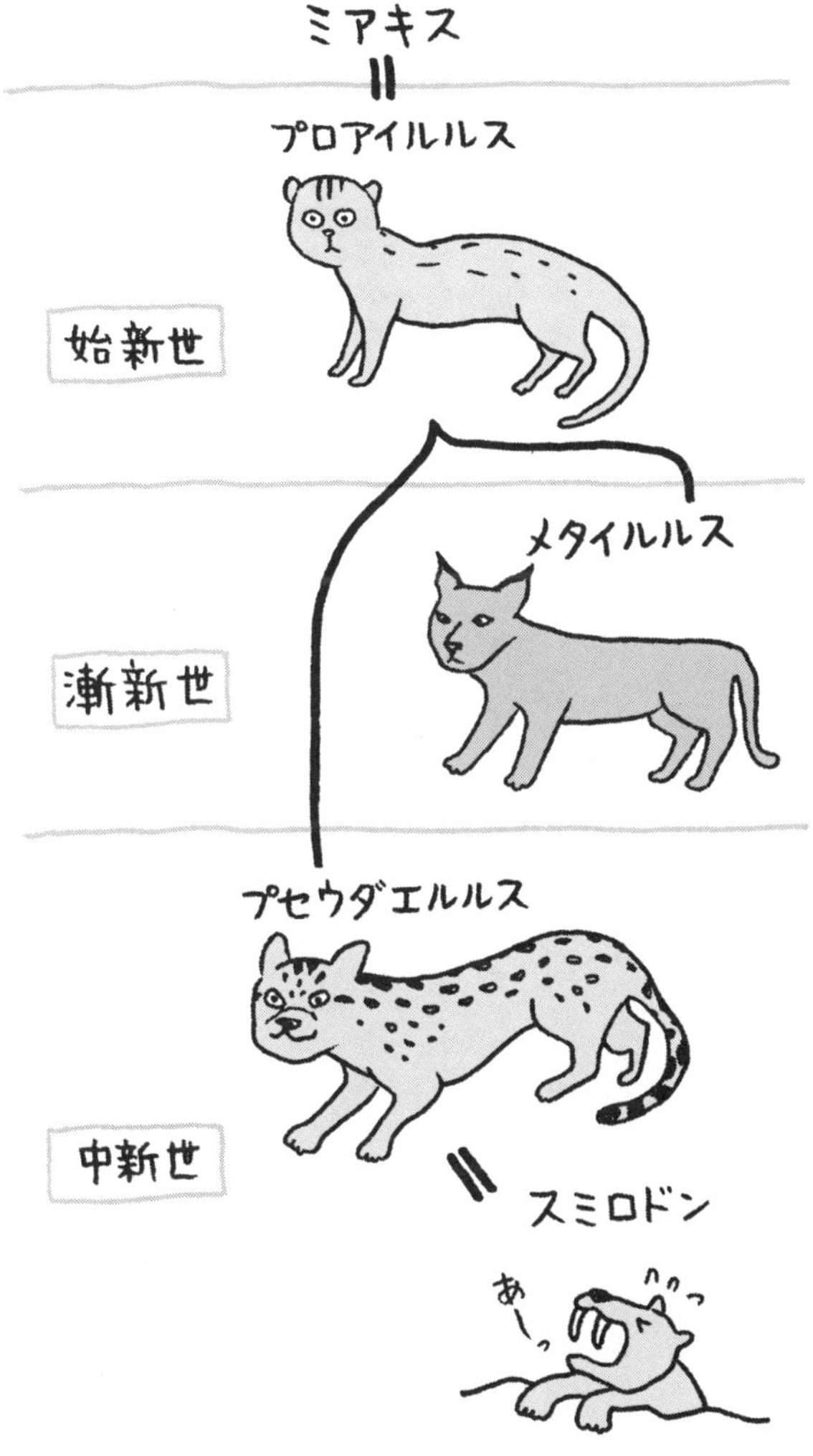
ミアキス
プロアイルルス
始新世
メタイルルス
漸新世
プセウダエルルス
中新世
スミロドン
あ〜っ
ハハっ

の名のとおりサーベルのような長い牙をもつ野生ネコです（一部、牙が短い種も存在します）。

サーベルタイガーのなかでも、もっとも有名なのがスミロドンです。牙の長さは24㎝に達し、それを使ってマストドンやジャイアントバイソンの皮を引き裂いて失血死させ捕食したとされています。体はほとんどトラやライオンと同じ大きさですが、意外にも、現生のトラやライオンとはあまり関係がありません。

ちなみに、スミロドンは比較的知能が低かったのではと考えられています。アメリカはロサンゼルス郊外のランチョ・ラ・ブレアにあるコールタール（石炭の乾留《かんりゅう》で生じる黒い粘稠《ねんちゅう》な液体）の沼からおよそ２０００体の死骸が発掘されており、沼にはまり込んだ大形の獲物を食べようとして、うっかり自らも沈んでいったのではと考えられるからです。

一方で、プセウダエルルスの本流は、剣歯虎と比べるとずっと短い犬歯で、それを獲物の喉《のど》や脊髄《せきずい》神経を咬むのに使っていました。剣歯虎と比べるとはるかにすばやく動き、脳が大きく知能が高かったとみられています。

中新世も中盤、およそ１０８０万年前になると、プセウダエルルスの本流は、大形ネコ類と小形ネコ類に二分します。さらに、640万年前（中新世末期）になると、大形ネコ類の枝は二分して、ふたつのグループができました。ひとつは、ユキヒョウとウンピョウのグループ。もうひとつは、トラ、ライオン、ヒョウ、ジャガーのグループです。

その後50万〜100万年の間隔を置いて、小形ネコ類の枝が分かれます。いよいよ、イエネコに通ずるヤマネコの種が誕生しました。

「種」ってなに？

ここまで、イヌもパンダもひっくるめた「食肉類」の祖であるミアキスから、ネコに通じるまでの進化の歴史をたどってきました。

ようやく、種としてのネコの祖である「ヤマネコ」まで到着したところですが……たびたび登場している「種」とは、いったい何のことでしょうか？

たとえば、〝世界のネコ科動物には39種が含まれる〟という文章で、「種」という言葉が使われます。この文脈からわかるとおり、「種」とは、「ある基準によって分類された単位」

という意味をもち、言い換えるなら「種類」や「たぐい」が当てはまるでしょう。生物学上では、頻繁に使われる言葉です。

しかし、この「種」というものがなんなのか、実はまだよくわかっていません。「種」という単位が使われる定義も、学者ごとによって微妙に異なっています。「種」という言葉が使われる現場では、繁殖して子孫が残れば同じ種で、子孫ができなければ別の種なんじゃないの、という基準を使用している場合もあります。

さらに、同じ「種」のなかでも、特定の環境にいる、模様が異なったり色が濃かったりする特徴をもつものは「亜種《あしゅ》」と呼ばれ、さらに区別されます。

千差万別な生き物を相手に分類しているわけですから、例外のまったく生じない判断基準を設定するのはなかなか困難なのです。

ヤマネコって何者?

「ヤマネコ」と聞くと、どんな動物を思い浮かべるでしょうか。天然記念動物に指定され

ツシマヤマネコ
(提供:環境省対馬野生生物保護センター)

イリオモテヤマネコ
(提供:環境省西表野生生物保護センター)

ている「イリオモテヤマネコ」の姿でしょうか?　それとも、木々が繁る山のなかで暮らしているノネコのことを想像する方もいるでしょうか。

ヤマネコとは、野生で暮らす小形のネコ類を指します。もちろん、絶滅した過去の生き物というわけではありません。

たとえば、日本人にとってなじみ深いヤマネコとしては、イリオモテヤマネコやツシマヤマネコが挙げられます。日本に現存するヤマネコはこの2種だけで、なかでもイリオモテヤマネコは世界的に見ても最も分布域の狭いヤマネコとして知られています。

ところで、前に記した、大形ネコ類である

ユキヒョウ・ウンピョウのグループと、トラ・ライオン・ヒョウ・ジャガーのグループは、ヤマネコのグループには入らないということになります。同じネコ科といえども、体の大きさ以外にもちがいは実にたくさんあります。

たとえば、ヒョウ類はやや上を向いたような状態で「ウォッウォッ……」と吠えるのに対して、ヤマネコ類は吠えません。

また、ヒョウ類は、倒した獲物を食べるときに前足を獲物の上に乗せるようにして押さえて食べますが、ヤマネコは前足で押さえることなく口先だけで食べます。この食べ方はネコにも通じている特徴で、たいていのネコはキャット・フードの器を前にすると、行儀よく前足をそろえて置き、口先だけを器に入れて食べます。

その希少性から「生きた化石」とも呼ばれるイリオモテヤマネコと、我が家のイエネコに通じるところがあると考えると、イエネコの仕草や見た目にも、豊かな野性を発見することができるのではないでしょうか。

世界のあらゆる場所で生きる、さまざまなかたちをしたネコ科動物たちの背後には、何万年もの進化の歴史があり、思わぬところで彼らは繋がっているのです。

野生ネコからネコがわかる

さて、話をネコの進化の道のりへ戻しましょう。340万年前、ようやくイエネコと関係性が濃いヤマネコ類であるヨーロッパヤマネコが現れました。

イエネコのルーツであり、イエネコに最も近い野生ネコでもあるヨーロッパヤマネコ。彼らはどんな生態をもっているのでしょうか。その生態や行動に迫ることで、イエネコが野生だった時代の習性が推定できるようになります。少しご紹介しましょう。

ヨーロッパヤマネコは頭胴長《とうどうちょう》約50〜65㎝、しっぽは21〜35㎝と、イエネコに比べてやや大きい体格をもちます。森林、草原、岩地などのうち、人間が近づきにくい環境に棲息《せいそく》しています。

彼らはおもに夜行性ですが、もっとも活発なのは夕暮れ時と明け方なので、むしろ薄明《はくみょう》性《せい》の傾向が強いといえます。もっとも、秋には日中でも狩りをすることが多いから、1年を通せば夜昼に関係なく活動しているといえるでしょう。

日中は、木のうろ、茂み、岩の割れ目などで休息しながら過ごします。また、木登りがきわめて上手なので、枝の上で日光浴を楽しんでいるような光景もしばしばみられます。雨に濡れるのが嫌いで、日光浴が大好きなのです。

彼らは基本的には単独性です。各々の個体が一定の行動圏をもって棲《す》みつき、そのなかにいくつかの休息場と狩りのための獣道をもっています。

各々の行動圏は明確で、その面積はおよそ0・7㎢です。オスは行動圏を守りますが、冬に獲物を得るためにうろついているあいだに行動圏からはみ出てしまうことや、発情したメスを求めて遠方へさまよい出てしまうこともあります。

獲物を捕らえるときは、たいていは数歩で届く距離まで忍び寄ろうとします。獲物はおもに野ネズミやリスなどのげっ歯類、ノウサギやアナウサギなどのウサギ類ですが、ほかにもライチョウなどの鳥類、トカゲなどの爬虫類《はちゅうるい》、昆虫類なども獲らえます。

交尾はヨーロッパや中央アジアではだいたい1～3月に行われ、メスが発情すると数頭のオスが近づいていきます。そしてメスを取り囲んだオスたちは、奇妙な金切り声で鳴き交わし、ときに激しく闘います。

また、鳴き声は「ニャー」という声、怒ったときの「フーッ」という唸《うな》り声、うれしいときの「ゴロゴロ」と喉を鳴らす音、「ギャー」という交尾のときの声など、さまざまな音声を出すことが知られています。

動物たちのことがそれほど一般に知られていなかったときは、その声は人々を震えあがらせました。たとえば1845年にC・セント・ジョンはこう書いています。

「私は静かな真夜中にこだまする、この世のものとは思えない恐ろしい叫び声を耳にした。それはヤマネコたちが互いに呼び交わす声であった。私はヤマネコの声ほど荒々しく不気味な声を聞いたことがない……」と。

日光浴をして、それぞれのナワバリをもち、ネズミなどを獲る……というと、その姿は私たちの街で暮らすネコたちのように思えないでしょうか。近隣に棲むノラネコとの交配が進み、ヨーロッパヤマネコの種の数に影響を及ぼしているという一面もあるほど、イエネコとヨーロッパヤマネコは近しい場所に位置しています。

340万年前、遠い地で暮らしていたヨーロッパヤマネコの習性は、同じ種という絆を通じて、身近なイエネコたちに脈々と通じているのです。

イエネコのルーツは○○ヤマネコ

さて、ネコに詳しい方は「ネコの祖先は、〝リビアヤマネコ〟じゃないの?」と、ふしぎに思われているかもしれません。もちろんそれは正解です。

リビアヤマネコを飼いならしたものが、私たちの身近な「イエネコ」になりました。ですが、そもそもリビアヤマネコは、種としてはヨーロッパヤマネコに含まれています。ヨーロッパヤマネコの亜種のひとつなのです。

もともと、ヨーロッパヤマネコは実に広い地域で棲息していました。スカンジナビア、ロシア、ヨーロッパ、アフリカ、アジア一帯などのあらゆる土地に分布していて、その地方の気候や生活環境によく適応し、たくさんの数の地方的形態に分化していきました。

生物学の分野では、さまざまに分化したヨーロッパヤマネコの特徴を観察し、分類しました。毛色の濃淡、斑紋《はんもん》の有無、体の大きさなど、はっきりした特徴があると「亜種」のカテゴリーに整理していきました。

たとえば、イラン南西部からアラビア半島にかけて分布するヨーロッパヤマネコは、額からうなじにかけて暗色の4~5本の縦縞《たてじま》があり、胴から尾先までの横縞が不明瞭という特徴をもちます。ヨーロッパ産のものに比べてはっきりと異なる特徴から、この地域に棲息していたヨーロッパヤマネコは亜種とされ、「リビアヤマネコ」と名づけられました。

亜種はリビアヤマネコだけではありません。とくに北方系、熱帯地方に棲むヨーロッパヤマネコは、ヨーロッパ産のものと比べると、きわめて特徴的な外見をしていました。地域によって比較すると、北方系は体ががっしりしていて体を覆う毛が厚く、顔面はかなり短縮しています。また、耳や四肢、尾は短いという特徴がありました。一方で、熱帯地方に分布するものは顔面が長く、耳は長く先端が尖っています。毛は短く艶があり、尾は長く四肢は細い外観をしています。

ちなみに、このちがいは、「同じ種で異なる地域に棲む恒温動物を比べると、寒冷な地域に棲むものは耳・足・尾などの突出部分が小さく、温暖な地域に棲むものは突出部分が大きい」という「アレンの法則」にしたがっています。この法則が成り立つ理由は、体表面積が小さいほど熱を逃しにくいからだと考えられています。

このように、地理的に離れたヨーロッパヤマネコ同士を比べるとあまりにも異なっているため、その亜種は5つに分けられました。

ヨーロッパに分布する基亜種のヨーロッパヤマネコ、
西アジアからアフリカ北部に分布する亜種リビアヤマネコ、
アフリカ南部に分布する亜種アフリカヤマネコ、
中央アジアからアフガニスタンなどに分布する亜種ステップヤマネコ、
中央アジアのゴビ砂漠などに分布する亜種ハイイロネコ、です。

広大な分布域と地域に適した特徴を獲得していったヨーロッパヤマネコですが、気候の変化や、棲息地が農耕地や牧場に変わっていったこと、狩猟の対象にされたことなどによって、西部・中部ヨーロッパからは姿を消していきました。

「家畜化」という生存戦略

絶滅してしまったもの、野生ネコとして生き残っているもの、私たち人間と暮らす「イエネコ」になったもの、その差はどこにあるのでしょうか。

ヨーロッパヤマネコと「イエネコ」の最も大きなちがいは、「家畜」であるかどうかです。勝手気ままな〝ネコ様〟に、家畜という言葉はしっくりこないでしょうか。いやいや、ネコは、ブタやウシ、イヌなどの動物と同じく、人間が飼いならすことで誕生した家畜とされる動物なのです。

家畜化された動物には、それぞれ祖先がいます。たとえば、ブタはユーラシアに分布するイノシシであり、ヤギは小アジアから中央アジアにかけて棲息するパサン、および中央アジアから南西アジアにかけて棲息するマーコールが有力視されています。ヒツジはイラン西部から地中海東岸にみられるムフロンとアジアムフロンらしいとされています。

ただし、野生種がすでに絶滅してしまい家畜種だけが生存している場合もあります。たとえば、ウシはヨーロッパに棲息したオーロックス、ウマはヨーロッパからアジア北西部に分布したターパンが祖先とされていますが、いずれも絶滅しています。また一方で、ヒトコブラクダのように祖先とおぼしき動物が野生の種に見当たらないものもいます。

ネコの祖先はヨーロッパヤマネコだったわけですが、彼らがいかに人間と付き合うようになっていったかは、人類の文化の歴史と大きく関わっています。

その道のりを、第2章でご紹介しましょう。

第2章

〝孤独な狩人〟から〝かわいい隣人〟へ

神様になったネコ

ヤマネコからネコにいたるまで、私たち人間との関わりにどのような道のりがあったのでしょうか？　それを知るために、歴史上のネコの記録や資料をひもといてみましょう。

古代エジプトの遺跡から、ネコと人に関する記録が数多く発見されています。紀元前3000年ごろに制作されたと考えられる、初期王朝の墓を飾るフレスコ（生乾きの漆喰に顔料で描く壁画や絵画）にネコの姿が描かれていました。

さらに、第5王朝（紀元前2700年）のころの絵にも、首輪をつけたネコが描かれており、当時ある程度飼いならされていたのだと考えられます。

また、後述しますが、古代エジプトとネコとの繋がりは、壁画以外にもさまざまな考古学的記録が残っています。こうした資料から、古代エジプト人がネコに対し特別な思いをもっていたことがわかります。

なぜこんなにも密接な関係だったのかというと、ネコが古代エジプトの都市ブバスティス

ネコのミイラ（大英自然史博物館蔵）

近辺で信仰されていた女神バステットと縁の深い動物だったからです。その信仰がわかる証拠のひとつが、第12王朝（紀元前2000年）の遺跡から発見された、30万体にもわたるネコのミイラです。

壁画やミイラといった古代エジプトの史料は、そのほとんどが19世紀に見つかっています。イギリスやフランスなどのヨーロッパ各国がエジプトへ進出し、古代エジプトの史料を次々と発掘したからです。

今となっては大変貴重な史料ですが、当時はその価値がわからなかったのか……ネコのミイラは、なんと船のバラスト（底荷）代わりにされていました。積み込まれてイギリスに運ばれたあとは粉砕され、19トンもの肥料になってしまったため、現在ではそのほとんどが残っていません。それでも、被害を免れたうちのほんのいくつかが、今日まで博物館に保存されており、現代でも大切に保管されています。

エジプトで発見されたネコのミイラはほかにもあります。20世紀はじめに活躍した、イギリスの考古学者で人類学者のF・ピトリー卿は、ピラミッドを正確に測量したことで知られていますが、彼はエジプトの都市ギーザにあるピラミッドから、なんと１９０点ものネコのミイラを見つけました。紀元前６００年から２００年のものと思われるもので、現在では大英自然史博物館に寄贈されています。

ファラオの宝を手に入れようともくろんでピラミッドを探索していたのに、膨大な数のネコのミイラを見つけてしまうなんて、きっと驚いたことでしょう。

ネコのミイラにひそむ謎

これらのミイラから読み取れた事実は、古代エジプト人の信仰だけではありません。20

世紀半ば、大英博物館のT・C・S・モリソン＝スコット博士は、頭蓋のほとんどがリビアヤマネコのもので、うち3体だけジャングルキャットだったことを発見しました。

ジャングルキャットは、340万年前、ヤマネコが誕生した当時にヨーロッパヤマネコと共に登場しました。その名前から熱帯雨林に棲息していそうに思えますが、実はジャングルとはアジアの熱帯林が伐採されたあとに生育する二次林《にじりん》を指す言葉で、ジャングルキャットはこれらの二次林と周囲に広がる乾燥したサバンナ、低木地帯、湖沼《こしょう》付近の葦原《あしはら》などに棲みます。

エジプト北東部、アラビア北部からイラク、インド、ミャンマーにかけて発見されており、非常に幅広い地域で棲息しています。やや大形のヤマネコで、体長が50～75㎝、尾長が25～35㎝、体重が7～16㎏もあります。ネコの体重は2・5～7・5㎏ほどなので、ジャングルキャットの大きさはネコの約3倍です。

スコット博士の発見により、ミイラにされるほど古代エジプト人と密接なつながりをもっていたならば、現在のネコにはジャングルキャットの血も流れているのではないか、という説が生まれました。

アビシニアン

この説をより確信づけたのが、「アビシニアン」という種の存在でした。古代エジプトの壁画に描かれたネコは、尾の長さや頭の小ささなどがアビシニアンによく似ているため、アビシニアンこそがイエネコのルーツではないかと当時考えられていました。

日本ではペットショップなどでしか見かけることのない品種ですが、インドではアビシニアンのノネコが多くいます。そして、インドに棲息するヤマネコで最も多い種はジャングルキャットです。

こうした棲息状況とミイラの発見によって、アビシニアンはイエネコにジャングルキャットが混ざってできたのではないかと考えられたのです。ほ乳類の研究家で、とくにネコ科動物を詳しく研究していたR・I・ポコック氏は、この問題に興味を抱き、インド産のアビシニアンを調べました。

アビシニアンは、スラッとした細身で、体毛は濃いチョコレート色、体にほとんど斑紋がないという特徴をもちます。ジャングルキャットと比較してみると、なるほど色彩は似ていますが、アビシニアンの方はずっと小形です。アビシニアンに特徴的な体の割に長いしっぽも、ジャングルキャットとは似ていません。

さらに頭骨を調べるに及んで、答えは明らかになりました。インド産アビシニアンの頭骨はイエネコと完全に一致していて、ジャングルキャットとはまったく異なっており、どこも似ている点はありませんでした。

この結果から、ネコにジャングルキャットの血が流れているのではないかという説は否定され、ネコのルーツはリビアヤマネコであるという形態学的な結論が導かれました。

ネコはいつ・どこで飼われるようになったのか？

最近報告されたネコの遺伝子解析でも、その祖先はリビアヤマネコであるという結果が出ています。この研究は、米英などの国際研究チームが、リビアヤマネコを含むヨーロッパヤマネコの亜種（中央アジア、アフリカ南部、中国に棲息していたもの）の遺伝子と、世界各地のイエネコ、計９７９匹のミトコンドリアＤＮＡを比較したものです。

解析の結果、いずれのイエネコも約13万年前に中東の砂漠などに棲息していたリビアヤマネコが共通の祖先であると結論づけられました。さらに、13万年前に家畜化が始まった可能性がある、と述べられました。

リビアヤマネコがイエネコの祖先であることは、もう疑いようもありませんが、この「13万年前」という説には、実は不可解な点があります。人とネコの関係に深く関わる謎であり、いまだ解き明かされてはいません。

どんなところが不可解なのか……人とネコの歴史をひもとき、その謎に迫りましょう。

ネコと人がはじめて暮らした場所

イエネコが家畜化にいたるその謎を解く鍵は、なんと私たち人類の「農耕」と「定住」

の歴史にありました。まずは、地球を移動し続けた人類が定住にいたるまでの道のりを振り返ってみましょう。

今から20万年ほど前、東アフリカに現生人類が現れました。彼らは徐々に人口を増し、大陸の海辺に沿って移動していきます。この移動には現在も謎が多く、さまざまな説がありますが、ここでは「イブ説」に則《のっと》り、その旅路をたどってみましょう。

説によれば、10万年前ごろ、その一部が東アフリカを出て海岸沿いにアラビア半島、インド亜大陸、東南アジアの島々と移動し、5万年前にはオーストラリア大陸に達したといます。

さらに3万年前には、インド周辺でイヌを飼いならして家畜化します。イヌのおかげで生活力を増した現生人類は、ネアンデルタール人の生活圏だったユーラシア中・北部へと少しずつ侵入していきました。

移動していく集団のうち、あるものは東南アジアから北上して中国や日本列島（3万〜2万7000年前）を経て、ベーリング海を越え、（2万5000〜1万7000年前）北アメリカに達し（1万3500〜1万1000年前）、ついには南アメリカ南端にまで到達したといいます（1万5000〜1万3050年前）。

この人類の大移動には気候変動が大きく関わっています。寒いとき、暖かいときのどちらの方が彼らの移動にとって有利だったでしょうか？　暖かい方が活発に動けるのではないか、と思われるかもしれませんが、その軌跡をたどってみると、実は寒冷期の方がはるかに長い距離を移動しています。

人類は、大陸間の海峡に生まれたすき間を微妙に縫うようにして移動していました。寒冷期には氷河が発達し海水面が下がって海峡が干上がりますが、温暖になると氷河が後退し海水面が上がり、移動できる範囲が狭まってしまうのです。

さて、大陸を移動する集団のうち、インドから北西へ向かった人々は、やがて地中海東岸に到達します。この一帯は非常に豊かな土地です。また、温暖な気候は移動の妨げになる一方で、植物の繁殖に一役買いました。

人々は狩猟を行い木の実や木の根などを集めることで、ほとんど移動しなくても十分な食糧が得られるようになりました。これは狩猟採集生活と呼ばれる、人類の定住のはじまりです。

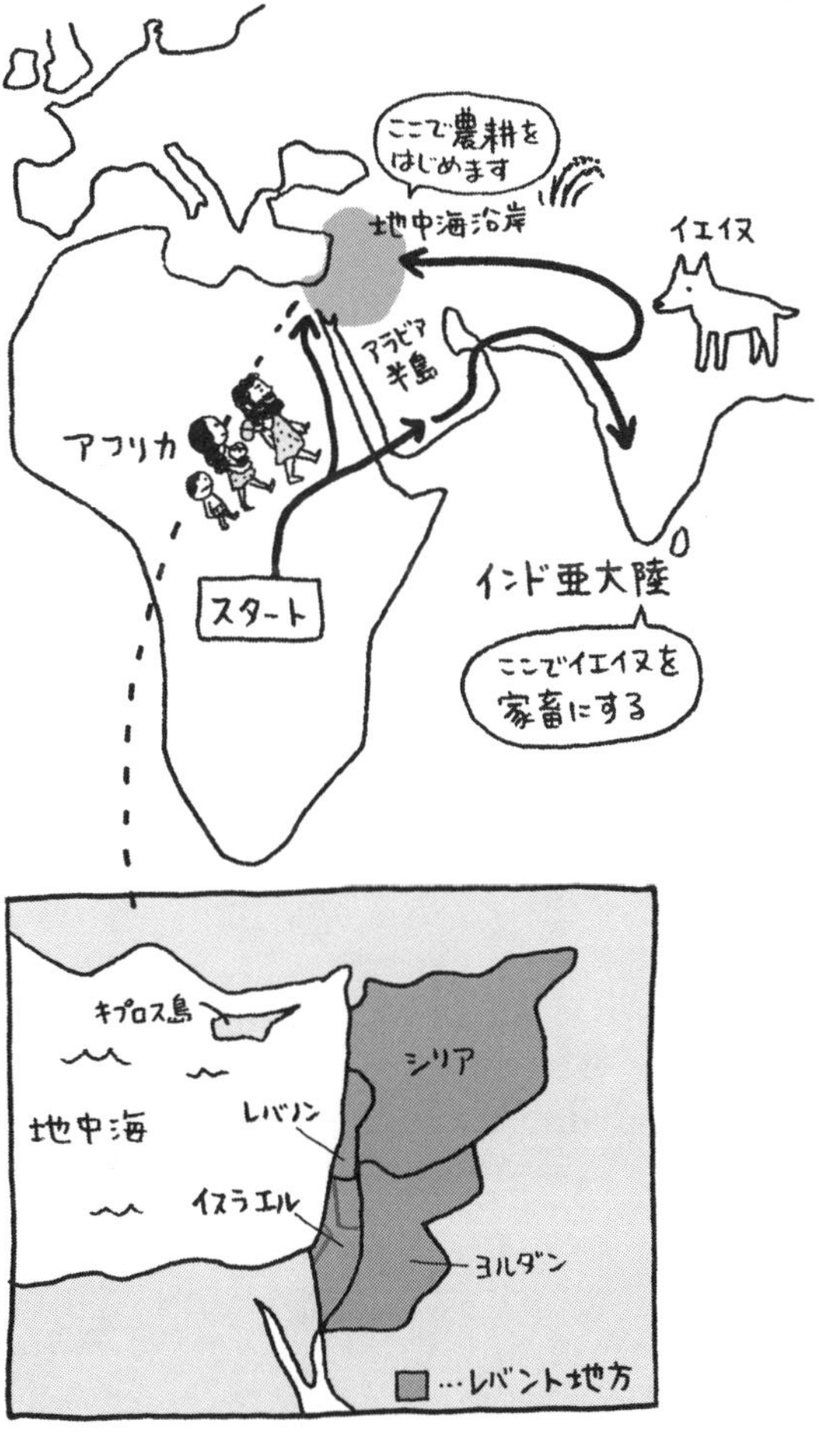
ここで農耕を
はじめます
地中海沿岸
イエイヌ
アラビア
半島
アフリカ
スタート
インド亜大陸
ここでイエイヌを
家畜にする
キプロス島
地中海
シリア
レバノン
イスラエル
ヨルダン
…レバント地方

ハーバード大学、テルアビブ大学、ハイファ大学の共同チームは、イスラエルのガリラヤ湖岸で、およそ2万3000年前の農耕の痕跡《こんせき》を発見しています。調査によると、このときオオムギ、ライムギ、エンバク、エンメル麦などが試験的に栽培されていた、といいます。

この痕跡から、一部の人類は、毎日のように移動しながらの採集生活を続けなくてもいいように、集めた野生の穀物のうちの一部を少しずつ貯蔵していたと考えられます。農作物の種子をすべて食べることなく次の年用に蓄えるという発想が湧いていたのでしょう。

それでも、飢饉《ききん》や干ばつがあると畑を離れて狩猟生活に戻ることもあり、人類が確実に一か所に定住してようやく農耕生活を営めるようになったのは1万1050年前あたりです。シリア周辺の肥沃な三日月地帯の西側、レバント地方にある、アブ・フレイラ遺跡からライムギを育てていた農耕の跡が発見されています。

ネコのしっぽの先も見えないまま、ようやく定住が始まったわけですが……このレバント地方が、イエネコと人類が暮らすはじめの地となります。次からは、いよいよ、ネコ登場です。

ネコが人に歩み寄ったある理由

定住が成功する直前のおよそ1万5000年前ごろ、中東・イスラエルのヨルダン渓谷にある古代ナトゥーフで重大な事件が起こりました。この地域にもともと棲んでいた小形の2種の野生ハツカネズミ（ヨウシュハツカネズミとマケドニアハツカネズミの1種）が、人類の定住地で栄えはじめたのです。

なぜ、野生で暮らしていたネズミが定住地で増えたのかというと、人類が一か所に定住したことで、食べこぼしや残飯が常時得られたため、そのおこぼれを頂戴できるとネズミたちが学習したからでした。

人をあまり恐れないヨウシュハツカネズミは、人のそばから離れようとせず住家性《じゅうかせい》へと変わりました。一方で、野生を好んだマケドニアハツカネズミは人家内には入らずに住居の近くで暮らしていました。

この2種のネズミについて、アメリカのワシントン大学の人類学者フィオナ・マーシャル教授たちの研究チームは、ある発見をしました。両者の比率は時期によって、激しく変動していることに気がついたのです。

住家性ハツカネズミとマケドニアハツカネズミのちがいは、臼歯の形状にあります。研究チームは20万年前までさかのぼり、それぞれの年代で化石化したハツカネズミの歯にみられる臼歯の形状の変化を調べました。

すると、天候がよくて人類が長期間定住した可能性が高かった時期には、住家性ハツカネズミがマケドニアハツカネズミより優勢になり、ほとんどのものを定住地の外に追い出していたことがわかりました。

一方で、干ばつや食糧不足に襲われた時期には、狩猟採集民が移動を余儀なくされる頻度が高くなり、住家性ハツカネズミとマケドニアハツカネズミの個体数が野生本来の比率に戻っていました。

この発見により、人類は、天候不順が続いて飢えると狩猟採集をし、天候がよくなれば再び定住地に戻る、という生活を長い間繰り返していたということが確信づけられました。定住生活が定着するまでには実に長い時間がかかっていたのです。

さて、定住をはじめてから数千年を経て、ようやく人類は「翌年撒く種子を食べずに貯蔵しておくこと」を学びます。にもかかわらず、家のなかや貯蔵庫では住家性ハツカネズミに、畑ではマケドニアハツカネズミに、と双方からの害に悩まされ続けていました。

この時期、無数に繁栄していたハツカネズミたちを獲物として人間社会に近づいてきたものがリビアヤマネコでした。ネコは人家やその周辺からネズミという恩恵を得ることを学習し、人のそばから離れようとしなくなったのでしょう。

人類がこのリビアヤマネコを大歓迎したことは想像に難くありません。貯蔵してある穀類を守ってくれた「ネコ様々」だったのです。

実用的な動物から特別な家族へ

2004年、あるフランス国立科学研究所のチームが、ネコと人類の共生の謎に迫るある化石を発見し、4月8日付けの米科学誌『サイエンス』に掲載されました。

地中海のキプロス島南部にある約9500年前の墓から、人と一緒に埋葬されたとみられるネコの骨がほぼ完全なかたちで見つかったのです。これまで、人とネコの最古の資料は紀元前３０００年の古代エジプトの壁画だと思われていたので、この９５００年前の化石はネコと人の歴史を大きく揺るがす大発見でした。

墓には、30歳くらいの高貴な人物の骨がたくさんの宝石や石器、貝殻などと共に埋葬されており、この人骨から40㎝離れたところにネコの全身骨格が横たわっていました。埋葬されたネコは全長約30㎝で、推定年齢は生後約8か月の若いネコとみられています。

人骨と共に埋葬するために殺されたのではないかとも考えられましたが、調査によると、ネコに外傷などはなく、乱暴に殺害されたわけではないようでした。小さな墓穴を掘っていねいに埋葬したようだとみられています。

人と同じお墓に埋葬されたということから、このネコが大切にされていたのだと推察できます。しかし、これだけでは、当時からネコが飼いならされていたという証拠にはなりません。

さて、キプロス島にはもともと野生のネコ科動物は分布していません。ということは、埋葬されたネコは外部から人間が持ち込んだものと考えられます。

そこで、研究チームは「このネコが飼いならされていたとは断定できないが、当時すでに人とネコが特別の関係をもっていたのではないか」と推測しました。大切に埋葬されていたことから、「野ネズミを追い払うなど農業の役畜として飼われていた以上に、より精神的なシンボルとしてかわいがられていたのではないか」とも述べています。

一万年前に定住によりネコが家畜化されていたならば、9500年前にネコと人が深く関わりあっていたことも十分に考えられます。

ネズミを退治してくれる有益な動物として人間社会になじんだネコですが、ビジネスライクな繋がりだけでなく、精神的に密接な絆をもって、人間と暮らしていたのでしょう。

リビアヤマネコとイエネコのあいだに……

前述のとおり、いわば「お助け動物」として飼われはじめ、その後、世界各地にペットとして広がっていったネコですが、家畜化の過程はそう簡単ではなかったはずです。

なぜなら、ヨーロッパヤマネコやリビアヤマネコを子どものときから人間が飼育しても、簡単には飼いならされないことがわかっているからです。ヨーロッパヤマネコの子どもを眼も開かないほど小さいころから飼育しても馴らすことができなかったという報告もあります。

「飼いならす」については定義が決まっています。人間に危害を加えることなく、飼育下で子どもを産み、育て、その子が大人になって、再び子どもを産むというサイクルが繰り返し6〜7代まで続けば、「飼いならしに成功した」といえます。この、飼育下で子どもを産む、というのがなかなか厄介な点です。

とはいえ、どんな野生動物でも、幼いころであればある程度まで人にならしやすいことが知られています。早ければ早いほど、懐きやすいようです。また、同じ腹から生まれた兄弟姉妹でも、馴れやすい個体とそうでない個体とがいることがわかっています。

ヤマネコでも、現代では子どもを馴らすことがまれにあります。といっても、懐くのは飼い主だけで、そのほかの人は手を触れることはできないようです。

私がイリオモテヤマネコの研究をしていたときも、飼育を担当していた女性には1年ほどですっかり懐きましたが、ときどき覗きに行く私にはまったく懐かなかったということがありました。ケージをのぞけば「フーッ」といつも威嚇されてしまったものです。

ちなみに、このヤマネコは掃除中などにときどき脱走しましたが、飼育員の女性は「ダメじゃない！」などと声をかけながら捕まえて、ひょいと抱えることもありました。

子どものころから育てていればヤマネコであってもこのくらいは馴れないわけではありませんが、私たちの身近なところで繁殖するほどにまではなかなか困難です。

古代西アジアの人々がこうした野生動物の特徴をよく知っていて、馴れやすい子ネコを選んで、ほとんど生まれると同時に母親から離して育てていた……とも考えられますが、いささか説得力に欠けます。

ならば、古代西アジアの人々はどのようにリビアヤマネコを飼いならしていったのでしょうか。この問いをつきつめると、「リビアヤマネコがそのまま飼われてイエネコになったわけではないのではないか」という考えに行き着きます。

「イエネコの祖先はリビアヤマネコだと先ほどまで散々言ったじゃないか！」と戸惑うでしょうか。確かに、イエネコの祖先はリビアヤマネコで間違いありません。

リビアヤマネコとイエネコのあいだに、過去に何かがいたのではないかと考えられるということです。もしくは、何か重要なことがイエネコの祖先に起こったのではないか、とも。

ノラネコはヤマネコになるか？

なぜ、この説が考えられるかというと、「リビアヤマネコがイエネコになったのならば、野生化したノネコのなかに、リビアヤマネコにそっくりなものがいるはずだから」です。

「先祖返り」という言葉をご存じでしょうか。直接の親ではなく、何代も前の祖先の形質が子孫に現れることを指しています。

こうした状態の多くは遺伝子の組み換えや発生過程の異常から突然生じていますが、何代かを経て祖先の形質に戻る、という変化がみられるケースもあります。

たとえば、ブタはイノシシを家畜にしたものですが、野に放てば数代でイノシシに戻ります。牧場で見かけるなじみ深いブタが、猛々しく野を走るイノシシにすっかり戻るというのは少し驚かれるかもしれません。

では、ネコは野に放たれるとどうなるでしょうか？　ある興味深い調査をご紹介します。インド洋のはるか南方にフランス領の小さなケルゲレン諸島という島々があります。そのうちのひとつ、クールベ島では19世紀から20世紀にかけてネズミ駆除のために持ち込まれたネコが野生化していました。

あるとき、ヘリコプターを使って島に棲むネコたちの調査が行われました。その結果、全身黒のネコと黒白のネコが合わせて36匹、軍の基地のあたりをうろついていたキジトラのネコが1匹発見されました。特異的に存在していたこのキジトラは、おそらく外部から流入したのでしょう。

発見されたネコたちの体毛が黒、黒白だった一方で、リビアヤマネコの体毛は全身が灰褐色であり、顔と四肢に黒い模様があります。野に放たれたネコたちの体毛とリビアヤマネコのそれはあまりにも似ていません。この結果から、イエネコは野にかえっても、リビアヤマネコにはならないという結論が考えられます。

先祖に戻ることがなかった私たちの身近な動物はもう一種います。ペットとしてネコと対立するような存在……そう、イヌです。イエイヌの祖先はハイイロオオカミだといわれ

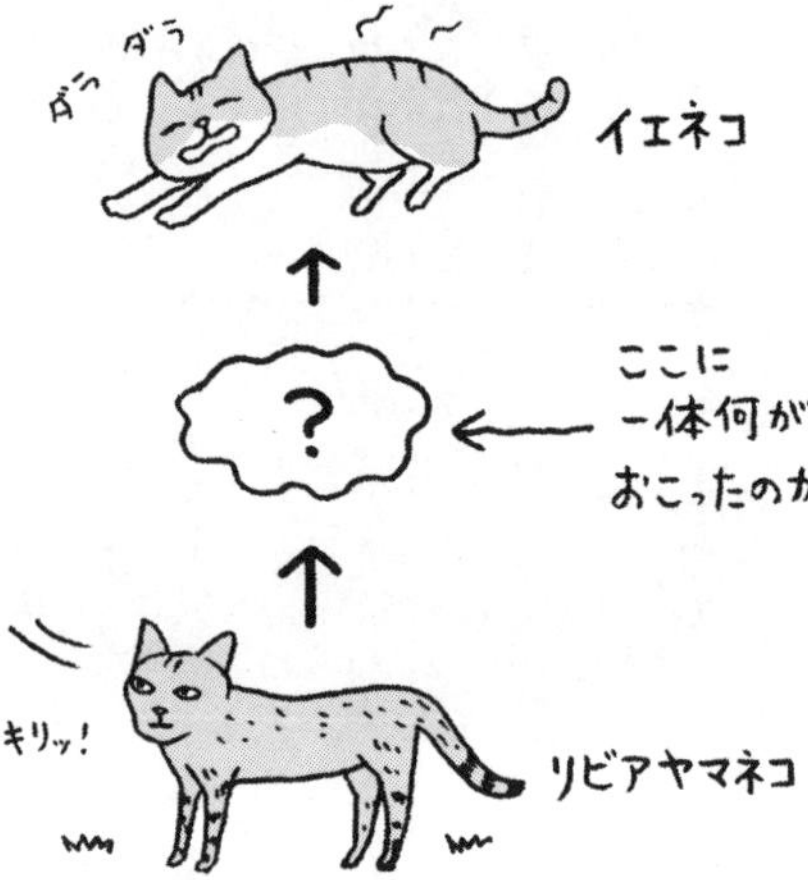

ていますが、野に放って何代経ってもハイイロオオカミに戻ることはありませんでした。

そんな折、中国でシュウコウテンオオカミと名づけられた小形の野生イヌの化石が見つかり、シュウコウテンオオカミからハイイロオオカミとイエイヌの祖先が分かれたと考えられるようになりました。イヌの直接の祖先の認識が間違っていた、というわけです。

ならば、ネコも同様の仮説を立てられます。イヌにとってシュウコウテンオオカミが正しい祖だったように、リビアヤマネコとネコのあいだにもなにかがいたのではないか。もしくは、何か重要なことがネコの祖先に起こったのではないか、と。

ネコの祖先は「西アジア個体群」!?

さてここで、ネコが家畜化されたと考えられる年代のことを思い出してみましょう。「ミトコンドリアDNA」の遺伝子を解析した結果から、ネコの祖先は約13万年前に中東の砂漠などに棲息していたリビアヤマネコが共通の祖先であり、13万年前に家畜化がはじまった可能性があるといわれていました。

13万年前というのが気になるところです。13万年前というのは、東アフリカを出たホモ・サピエンス（クロマニョン人＝現代人）の部族がアラビア半島あたりを放浪していた年代です。

このころにネコが人類と共生することがあったのでしょうか？　人類の定住と農耕、ネズミとの闘いがあったからこそ、人とネコは共生するようになったはずなのに……これではネコの存在意義がなくなってしまいます。

ネコ家畜化の謎を解く鍵は、おそらく13万年前にあります。たとえば、13万年前にアフリカ北部から西~南西アジアに分布するリビアヤマネコのうち中東地域に「特有の個体群」が発生したのではないかという説が考えられます。

特有の個体群とは、同じ種の動物であっても、棲息地域の環境に適応して地域ごとに微妙に異なる性質をもつようになった群れを指します。

たとえば、ある地域に棲むリビアヤマネコは、ほかの地域に棲息するリビアヤマネコと比べて毛色が淡く、小形で性格がおっとりしていて知能が高く警戒心が少ない……などという個体差が生まれたかもしれません。

そういう個体群こそがネコの祖先だという可能性があります。ネコを野にかえしてもヤマネコにはならないのならば、ネコの祖先は、現在棲息するリビアヤマネコとはどこかがちがったリビアヤマネコであるはずなのです。

大人の体に、子どもの心

では、リビアヤマネコの「西アジア個体群」は、どのように家畜化されたのでしょうか。

西アジア個体群のヤマネコの行動や習性は、もとのリビアヤマネコとほとんど同じです。彼らはふだん、なわばりをつくって単独で暮らしており、その子どもは成長すると親から独立して自分のなわばりをつくらなければ生きていけません。

そこにはヤマネコ同士の生存競争があります。強いものがなわばりを所有し、弱いものは周辺に押し出されていき、なわばりをもたなければ死に絶えるしかありません。

すると、ヤマネコのなかには、やむなく畑の近くや集落の周辺に棲みつくものが現れます。現代の都市部などで暮らすようになったカラスのようなものです。

農耕地には野ネズミが多くいます。宿敵である強いヤマネコもまわりにいないので、ときどき来る人間の存在だけ用心すれば、こんなに暮らしやすい場所はありません。

人間の繁栄と共に畑は次第に拡大していき、畑の近くで暮らしているヤマネコの棲息地も、次第に増えていきます。じきに、畑のヤマネコ同士で繁殖するようになります。そして畑と集落のあたりには人間馴れしたヤマネコが当たり前にいる地域になります。

すると、人間は頻繁に子ネコと出会うようになり、飼育することも次第に一般的になります。子ネコは人間によく馴れ、大人になっても人間を恐れない特別なヤマネコに育ちます。こうして、ネコが誕生したのでしょう。

ヤマネコとネコを比較すると、ネコの誕生にいたるまでに、もうひとつ重要な変化が起こったことが発見できます。それは、幼児化（幼形成熟＝ネオテニー）です。「イヌはワン！　ネコはニャー」といわれるほどに、ネコはよく鳴きます。個体差はありますが、ゴハンを求めて、遊んでほしくて、視線を集めたくて、さまざまな理由でニャーニャー鳴くものです。

その一方で、大人になったヤマネコは繁殖期以外ほとんど鳴きません。よく鳴くのは子ネコのあいだだけで、鳴き声は、母ネコに自分の存在を知らせたり、呼んだりするときに発せられる信号の役割を果たします。

つまり、よく鳴く大人のネコは、我々の身近なネコのみに見られる現象です。なぜ、大人になってもネコがよく鳴くのかというと、体が成長していても子どもの気分でいるからです。

このように、大人（＝性的に成熟している状態）になっても、子ども（＝性的に未成熟な幼生・幼体）の性質が残る現象を、「幼児化（幼形成熟＝ネオテニー）」といいます。

この現象でよく知られているのはアホロートルと呼ばれるメキシコサンショウウオの幼生です。アホロートルは、全長20㎝くらいの大きなオタマジャクシに似たかたちをしていますが、両生類の幼体にみられる「外鰓《そとえら》」をもったままで、繁殖力をもつようになります。子どもの姿のままで大人になっている、というわかりやすい例です。

私たち人間は、幼く、守るべきものに対して「かわいい」と感じる傾向があります。一万年前、レバントの人々も、畑のそばに現れたリビアヤマネコを家畜化していくうえで、より子ネコらしく擦り寄ってくるものをかわいがり、繁殖させようとしたのでしょう。

本能行動が強いものは避け、できるだけ人懐こいものを選ぶという人間の手による選択が続けば、なかには突然変異により幼児化したものも現れたのでしょう。

飼い主の姿を見て物陰に飛び込むネコよりは、子ネコのように「ニャーン」と鳴いて寄ってくるネコを大切にする……これが数千年も続けば、野性そのものだったネコもすっかり変わります。

こうして、集落周辺をうろついていたリビアヤマネコに突然変異のひとつであるネオテニーが起こり、さらに何千年ものあいだ人為的淘汰が続けられた末に、初めて真のイエネコ、つまりは現在のネコとほとんど変わらない生き物が誕生したのです。

第3章

世界史とネコ

ネコを殺した者は即死刑!?

ネコが誕生したレバントの地は、古代エジプトによって1万年ほど前に征服されます。古代エジプトに併合されても、ネコは農作物を守る動物であり、ネコだけでなく野生動物を家畜にするという文化は継承されていました。

古代エジプトは次第に栄え、同時にネコの価値はきわめて高くなっていきました。その頂点は、ブバスティス島のザガジグ近辺で信仰されていたバステットという愛の女神に仕える聖獣としてネコが礼拝されたことでしょう。

ギリシャの歴史家ヘロドトスは、「紀元前450年ごろのエジプトでは、ネコを殺せば死刑、家のなかでネコが死ねば家族全員が眉を剃り落として喪に服さねばならなかった」と記しています。ただ、マレクというエジプト学者は、「ヘロドトスの記述はときに大げさですがね」と指摘していますが。

確かに少し大げさかもしれませんが、古代エジプト人のネコに対する感情は宗教に近いものでした。そのひとつが、前述したネコのミイラです。

当時のエジプトでは、ネコが死ぬとミイラにして、来世でも食に困らぬようにネズミと一緒に棺に入れていました。また、ネコは供物として、墳墓にも埋められもしました。供物としてミイラにされたネコは実に多く、その数は100万匹、と推定されていますから、ネコを殺した者は死刑……などという記述もあながちオーバーでもないのでしょう。

このネコ礼拝は大変長きにわたっていました。ヘロドトスが訪れた400年後、シチリア出身の歴史家ディオロドスは、「エジプトでネコを殺したローマ軍の兵士が、怒り狂った民衆から石を投げつけられ、殺されてしまった」という報告を残しています。

世界を旅するネコ

聖獣として礼拝されていたため、ネコの国外持ち出しはもちろん厳禁とされています。

しかし、地中海東岸のフェニキアの商人たちは商魂たくましく、ネコを密かに持ち出してローマやペルシャで高く売っていました。古代エジプトのイエネコは、こうして世界各地へと密かに少しずつ渡っていきました。

記録によると、インドでは密輸されたネコたちがかなり古い時代から飼われていたようです。紀元前2000年ごろ、サンスクリット文字で書かれた資料にネコが登場しています。インドの女性たちは蓄えた穀類をネズミから守るためにネコを大切に飼い、なかでも白いネコは月の象徴とされて敬われていました。

中国では、ネズミが仏教の経典を荒らさないように、インドのネコが経典とともに輸入されたという説があります。この説をとれば、中国でのネコの飼育は紀元1世紀ころにはじまったということになりますが、実際は、紀元前1000年ごろには蚕《かいこ》の繭《まゆ》をネズミから守るためにネコが飼われていたといわれます。

また、孔子もネコを飼って非常に愛していたそうです。このネコたちも、古代エジプトから密輸されたのにちがいありません。道のりはさまざまありますが、商人の手から手へと伝わって、遠くオリエントまでネコたちは旅をしていきました。

当時のネコたちの価格は、非常に高価だったことは間違いありません。たとえば、短毛種の代表であるシャムネコは、古くからタイ（旧シャム）の宮殿や大寺院で「門外不出の秘宝」として飼育されてきたといわれています。

また、ネコが各地へと行き渡ったことは、さまざまなネコの品種が生まれる一因にもなりました。たとえば、長毛種の代表である「ペルシャ」は、アフガニスタンに古くから棲む長毛の原ペルシャネコがもとになって作り出されています。

アフガニスタンへ密輸されたネコは、高価な動物として大切に保管されていたはずです。数が絶えないように繁殖させるうちに、たまたまペルシャの外見をもつ個体が突然変異により生まれたのでしょう。

突然変異した個体の外見は、当時の人々にとって魅力的だったはずです。だからこそ、その性質を絶やさないために、雑種が混じらないように近親繁殖を行い、原種が保存されるにいたったのでしょう。何百年も昔、ネコに心奪われた人々の存在が、ペルシャの品種を生み出したのです。

ネコを愛した国、恐れた国

ヨーロッパを主として世界一帯にイエネコが広く行き渡るようになったのは、古代エジプトを属州にしたローマ帝国の影響があったと思われます。

紀元前50年ごろにはローマ帝国のシーザーがエジプトに行き、クレオパトラと出会っていますが、このシーザーの遠征は、エジプトのネコがヨーロッパ全土へ広がるきっかけになったと考えてよいでしょう。

紀元100年ごろにはローマ帝国の領土は最大となります。そのころ、現在のイギリスやノルウェーにもネコは持ち込まれたはずです。ノルウェジアン・フォレスト・キャットのルーツもここにあるのかもしれません。さらにはロシアにまで運ばれたものがロシアン・ブルーの祖先だったという可能性もあります。

古代エジプトの属州化とともに、ネコが神聖視されていた文化も徐々に鳴りを潜め、ネズミを獲るきわめて実用的な動物として飼われるようになりました。ネコが渡ってくるま

ジェネット

で、ヨーロッパではネズミ退治はイタチ科動物のフェレットの役目でしたが、4世紀にはその地位をネコが取って代わったのです。

一方で、古代ギリシャのように、ジャコウネコ科のジェネット（ネコと同じく食肉目で雑食、まだら模様に体と同じほどの長い尾をもつ動物）がネズミ退治に飼育されていたところでは、人々はネコにほとんど関心をもちませんでした。

このように、人がネコといかに付き合っていたかは土地によってずいぶん異なります。ネコの密輸が早期から行われていたビルマやタイなどでは、古代エジプトと同じように、神聖な生き物とされ大切に飼われ続け、ヨーロッパ各国では実用的な生き物として愛されていたわけです。

さらに、同じ場所であっても時代によって人がネコを見る目は変わったようです。たとえば中国では、蚕をネズミから守る番人だったはずが、猫鬼《びょうき》という妖《あやかし》として恐れていたり、果ては料理の材料としてネコの肥育を行う時代もありました。

ネコは日本にいつやってきた？

さて、日本では、北は青森県八戸《はちのへ》市から南は長崎県諫早《いさはや》市にいたるまで10数か所からネコ類の化石が出土しています。なかでも八戸市是川一王寺《これかわいちおうじ》貝塚のものは古く、縄文時代中期よりも古いものと推定されています。

こうした史料から、日本のイエネコは、日本のヤマネコが飼いならされたものだと考えられていたことがありました。しかし、遺跡から発見されたネコの化石はすべて大形のヤマネコのたぐいであり、現存するイエネコとは種が異なっています。日本のイエネコたちは、やはり国外から持ち込まれたと考えられます。

イエネコが日本へ渡来した時期については、残念ながらはっきりしていません。穀類、蚕の繭、経典類などの鼠害《そがい》防止用の家畜として珍重され、古代の遠洋航海用船舶には必ずネコが積まれていたことは確かですが、それがいつからだったのかはいまだわかっていません。

ただ、最近の遺伝学的な研究から、日本のネコはインドから中国を経て渡来したという説が明らかになっています。また、ある史料には、イエネコは古くは「唐猫《からねこ》」と呼ばれており、遣唐使の時代（西暦７５０年ごろ、奈良時代）に仏典と一緒に中国から入ってきたという記録が残っています。

「唐猫」という名称があるということは、そうでないネコ、つまり日本在来のネコがいたのではないかと想像させます。もしかするともっと前から「和猫」なるものがいたのかもしれません。

ネコ好き天皇が残した最古の「ウチの子」自慢

ネコが初めて登場する日本最古の書物は『日本霊異記《にほんりょういき》』というのが通説です。説話の概要を述べるならば、次のようになります。

「文武天皇の西暦７０５（慶雲３）年ころに、豊前《ぶぜん》の国、宮子《みやこ》郡（現在の福岡県京都（ミヤコ）郡）の膳《かしわで》の臣《おみ》、広国《ひろくに》なる人の父が、死んでからネコになり、息子の家に飼われた」

これは文字通りの説話であって、動物学でいうネコのことではありません。実際のネコが最初に登場するのは、平安時代初期の『宇多天皇御記《うだてんのうぎょき》』です。ネコへの愛があふれる「ウチの子自慢」の内容から、ご存じの方も多いかもしれません。

登場する「ウチの子」は、８８４（元慶８）年に唐から渡来した黒ネコで、宇多天皇が父にあたる光孝《こうこう》天皇から賜《たまわ》ったのだと記されています。日付は寛平元年旧暦２月６日（西暦８８９年）のことです。

体の大きさは、換算すると体長45・５㎝、体高18㎝となり、体は伸縮自在で、頭を低くし、尾を地に着け、足音を立てずに歩くとあります。比較すると、現在私たちの身近にいるネコとそう変わりはないようです。
しかし、この史料で驚くべきはネコの描写です。一部を意訳つきで紹介しましょう。

愛其毛色之不類。餘猫猫皆淺黑色也。此獨深黑如墨。爲其形容惡似韓盧。
そのネコの毛色はたぐい稀《まれ》で、ほかのネコが浅黒い色なのに比べてこのネコだけが墨のように黒い。韓盧（黒い犬）のようだ。

長尺有五寸高六寸許。
背の高さは6寸（18㎝）、体の長さは1尺5寸（45㎝）ほどである。

其屈也。小如秬粒。其伸也。長如張弓。
屈むと小さなキビの粒のようになる。伸びると弓を張ったように長い。

眼精晶熒如針芒之亂眩。耳鋒直竪如匙上之不搖。
眼は針のように輝き、耳は匙《さじ》のように揺るぎなく直立する。

其伏臥時。團圓不見足尾。宛如堀中之玄璧。

伏すと足や尻尾が見えないほど丸く、鎮座する黒い宝玉のようだ。

其行歩時。寂寞不聞音聲。恰如雲上黑龍。

音もなく歩くさまは、雲の上の黒い龍のようである。

宇多天皇はこのネコによほど惚れ込んでいたようで、「他のネコよりネズミ獲りがうまい」などの記述もありました。毎日乳粥を与えてかわいがっていたようです。

しかし、日記の結びには、「先帝の賜はる所に因りて、微物と雖も殊に懐育の心有るのみ」と記してあります。現代語すると「先帝から賜ったものだから世話をしているだけだ」というわけですが……照れ隠しとしか思えません。

内容はさておき、この日記からすると、イエネコは西暦884年（平安時代初期）に中国からきたものであることがわかります。また、「黒ネコ」と限って記しているため、もうこの時代にはさまざまな色合いや模様のイエネコがいたことや、「ほかのネコよりネズミ獲りがうまい」ならば、何頭かのネコが飼われていたこと、などが考えられます。

ついでにいうならば、18㎝ほどという体高はネコにしては低すぎますが、これは〝香箱を組んで〟座っているときの姿勢をいったのでしょう。まさか、当時すでに短足の品種マンチカンがいたとは思えません。

天皇とネコといえば、ネコの名を日本で最初につけたのは一条天皇だという資料が残っています。ネコの名前といえば「タマ」ですが、実はこの名前がつけられるようになったのは江戸時代のころからです。

一条天皇は西暦987年から1011年まで在位しましたが、大のネコ好きだったようで、999（長保元）年9月19日、宮中で子ネコが生まれると人と同じような儀式を行い、ネコの飼育係に女官を任命したといいます。しかも、ネコを五位（昇殿を許された身分）の位につけ、「命婦《みょうぶ》のおもと」なる貴婦人のような名前までつけました。

当時、宮中に飼われていた「命婦のおもと」ちゃんは、赤い首輪に白い札をつけ、紐にじゃれついて遊んだりして、大変「なまめかしい様子」だったそうです。なまめかしい、とは優雅で上品なさまを指すので、この記述からいかにネコが特別視された生き物だったかがわかります。

日本の絵画とネコ

平安時代も後期になると、絵画にもイエネコが登場してきます。有名なのは鳥羽僧正《とばそうじょう》（1053～1140年）の作と伝わる絵巻物の「鳥獣戯画《ちょうじゅうぎが》」と「信貴山縁起《しぎさんえんぎ》」です。カエルやウサギの絵で有名な「鳥獣戯画」ですが、尾の長いトラ毛のネコが1匹、踊っているように描かれています。対して、「信貴山縁起」にはまだらネコ1匹が登場しています。どのネコも尾が長く、顔が丸く描かれており、こうした絵にイエネコが描かれることは、ネコがそれだけ一般的な動物になったことを示しています。

日本の数か所の寺院には「釈迦の涅槃図《ねはんず》」が大切に所蔵されていますが、これらのなかには、ネコが描かれているものがあります。涅槃図は元来ネコが描かれていないものなので、ネコが入っている図は日本でその当時に書き加えられたもの、とされています。

ネコの歴史に詳しい平岩米吉氏の調べによる、ネコが描かれた涅槃図を紹介しましょう。

1．京都市東福寺（国宝・大涅槃図）……室町時代初期の代表画家・兆殿司《ちょうでんす》（通称）の筆「長尾の三毛ネコ」が描かれる。

2. 枚方《ひらかた》市浄土院……3人の画僧（名称不明）の筆「長尾の虎ネコ」が描かれる。

3. 鈴鹿市龍光寺……兆殿司の筆「長尾の虎ネコ」が描かれる。

4. 横浜市金沢の称名寺《しょうみょうじ》……作者不明「長尾の虎ネコ」が描かれる。

平安末期にこうした作品が多くつくられていたことから、おそらくこのころには庶民もネコを飼育するようになっており、ネコは実に身近な動物として愛されていたのだと考えられます。

画家たちが残したしっぽの記録

室町時代以降、ネコが登場する絵画はさらに多くなります。小栗宗丹《おぐりそうたん》、狩野山雪《かのうさんせつ》、円山《まるやま》応挙《おうきょ》、田能村竹田《たのむらちくでん》、渡辺華山《わたなべかざん》などの画家が描いた絵画が現在も残っており、こうした絵画をよく見ると、当時のネコの姿を知ることができます。

しっぽに注目してみると、そのころの絵画に描かれたネコはいずれも尾が長い、つまり

「長尾」です。ネコはもともと尾が長いのがふつうだから、当然といえば当然です。

江戸時代の食材について書かれた書物『本朝食鑑《ほんちょうしょっかん》』などにも、ネコは「尾長短腰《びちょうたんよう》を以《もっ》て良しとす」と書かれていますから、ふつうというよりはむしろ長尾が理想的なものとされていたようです。

ただ、この記述は１５９０年に出された中国の李時珍《りじちん》による薬学書『本草綱目《ほんぞうこうもく》』にも同じように書かれているので、中国のネコの理想型をそのまま引き写したのだ、とみることもできます。

ところが、江戸時代中期を過ぎると、絵画にも書物にも「短尾」のネコが多くなってきます。国学者の谷川士清《たにかわことすが》が著した国語辞典『和訓栞《わくんのしおり》』や、俳諧師の越谷吾山《こしがやござん》による方言辞典『物類称呼《ぶつるいしょうこ》』には、短尾のネコを方言で「株猫《カブネコ》」、あるいは「牛蒡尻《ゴボウジリ》」、「五分尻《ごぶじり》」などと呼んでいると書かれています。

また、１８２５～１８３３年に刊行された随筆集『愚雑俎《ぐざっそ》』には、「京都では尾の長い唐ネコを飼うものが多く、浪華《なにわ》では尾の短い和種を飼うものが多い」と書かれています。

こうした記載から、このころにはしっぽの短い、いわゆる「日本ネコ」が現れて、人々

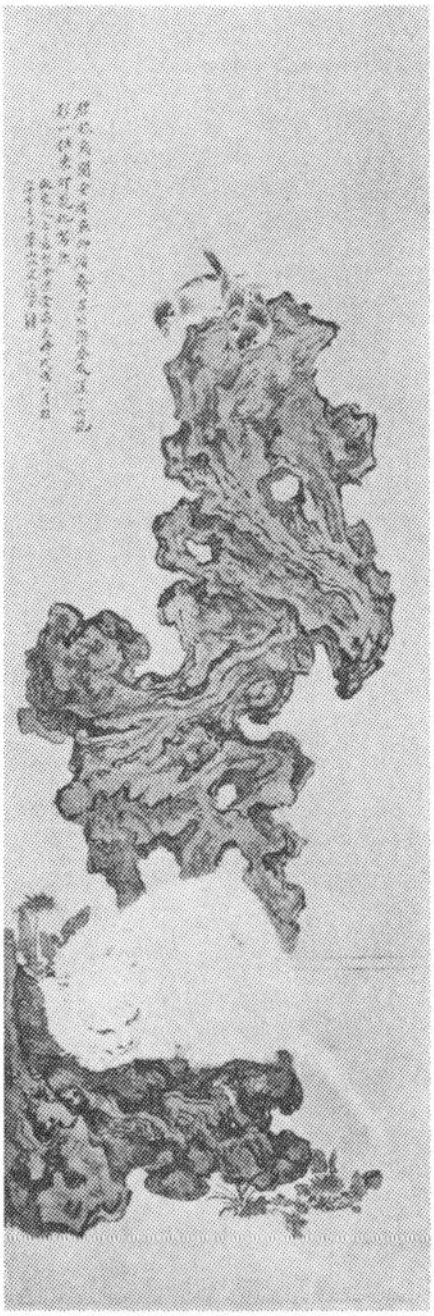
鷺雀睡猫図（渡辺華山）

枇杷猫図（小栗宗丹）

睡猫図（円山応挙）

に区別され、定着していたと考えられます。「尾長短腰」の尾の部分が変わった「尾短短腰」なネコたちです。

さて、江戸時代の浮世絵では、ネコはたいてい美人画の脇に登場してきます。江戸時代前期の鳥居清信《とりいきよのぶ》、鈴木春信《すずきはるのぶ》、磯田湖龍斎《いそだこりゅうさい》らは長尾のネコを描いています。けれども、喜多川歌麿が活躍した江戸時代後期以降になると、急に短尾のネコが増えてきます。とくにネコ好きで〝ネコの浮世絵師〟といわれた歌川国芳《うたがわくによし》の作品にはいたるところにネコの姿があり、そのほとんどが短尾です。

平岩米吉氏は、「『東海道五十三次』になぞらえた『猫飼好五十三匹《みょうかいこう》』（1850年作）でも総計73匹のうち、短尾が52匹で71%を占め、毛色はまだら40匹（うち三毛が4匹）、白が25匹で、黒、虎などは8匹に過ぎず、これは当時の毛色に対する好みを示すものといえよう」と述べています。

明治時代になっても短尾は健在でした。平岩米吉氏は、雑誌「魯文珍報《ろぶんちんほう》」に載り、1878年に書籍として刊行された安藤広重（三世）の画文集『百猫画譜《ひゃくみょうがふ》』（1878

○怪猫曲　愛山　高橋基一

觀而可愛狎可親。柔聲便體巧媚人。宮中嘗遭佳人育。却引情郎結惡因。才女筆之傳百世。々々爭剝人倫。南州太子圍棋樂。々意未央氣色惡。叱咤一聲斬侍臣。頭顱噴血枰面落。究鬼渴汝欲報讐。怪妖百出不可度。此事今存談客舌。聽者往々驚奇絕。釋尊去世衆生悲。六畜來會不愆期。唯汝獨有媚嫵性。罪業難拜涅槃時。爾後茫々百千歲。如今化生在人世。紅顏翠黛日凝粧。綺樓夜々賣技藝。京城少年好姿色。一瞥情懷不得抑。拋盡千金又萬金。典衣賣屋不知極。吁嗟外面如菩薩。内心如夜叉。勸君莫折路傍花。

○今《いま》の世《よ》の姿《すがた》をよめる　千種庵秋吉

ねんねこの半纏《はんてん》としも成《なり》よけり昔《むかし》は殿《との》の熨斗目《のしめ》小袖《こそで》も

社ニ合祠セントス汝等若シ思テ知ラバ其ノ尻尾ノ大小長短ニ拘ハラズ日々之ヲ假名讀社ニ出ダシ新聞ノ好種トシテ魯翁ノ厚意ニ酬ユル所アレヨ

○題花下睡猫圖　烟帆　磯部節拜

簾波搖曳午風開。一朶牡丹紅欲擺。日暖貓兒春睡足。不關遊蝶亂飛來。

○源氏物語若菜の巻《まき》とはうらうへながら方今《ほうこん》の猫子《ねこ》をよめるたはれ歌《うた》　琴通舎康樂

唐猫《からねこ》の綱手《つなて》ならねど引上《ひきあげ》て几帳《きちやう》よるの伽《とぎ》もさせけり

狂句　猫子《ねこ》九の字八の字髭《ひげ》を持《もて》遊《あそ》び　仝

仝　頬《ほう》摺《ずり》てなますれ猫《ねこ》見《み》ゑ髭《ひげ》を植《うえ》　橋塘

仝　山猫《やまねこ》ヤンナヤン官女も持余《もてあま》し　竹斎

百猫画譜（安藤広重（三世））

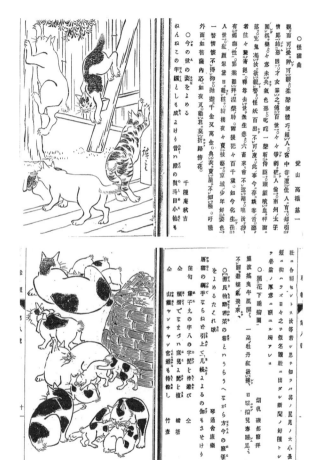

年）から、「１００匹のネコのうち、短尾73匹、不明（尾が見えない）24匹で、姿勢からすればほとんどが短尾のネコを描いたものです」、と述べています。

また、ふしぎなことに、『百猫画譜』のネコたちの毛色は、「斑58匹、白30匹、虎８匹、黒４匹で、この割合は国芳の描いたネコとほぼ同じ比率」であったといいます。江戸時代、ネコ好きな絵師たちは方々で見かけたネコたちをよく観察し、その柄の数までも正確に表現していたのでしょうか。その答えは作者のみぞ知る、というところです。

しっぽが長いネコは嫌われ者

江戸時代中期に起こった長尾から短尾への変化は、突然変異によるものです。この変異は優性遺伝とされ、一度変異が起こると、尾が曲がっていたり短かったりするネコが急速に広がると考えられています。

しかし、人間に飼われている動物では、体に起こった突然変異を生かすか殺すかはその時代の文化や風習が深く関わってきます。たとえば、家畜には白いものが当たり前にいますが、これは「白変《はくへん》」という突然変異を大切にしたために起こっている現象です。

野生であれば、北極に棲んでいるもの以外は、たいてい色がついています。体毛・羽毛・皮膚の白いものは、それが全身でなくとも目立って仕方がないので、自然と淘汰されていきます。

一方で、人間にとっては他のものと見分けやすく夜でも目立つなど、都合のよいことが多いものです。しかも、さらに都合がよいことに、白色の遺伝子は性格までもおとなしくする力をもっているようなのです。

たとえば、ラットはドブネズミを飼いならして全身が白い個体を作り出したものですが、性質もおとなしく、大変扱いやすい動物です。野生種のドブネズミは猛烈に気が荒いのに、ラットになるととたんに「借りてきたネコ」のようになってしまうのは、白色の遺伝子がなせる技なのか……いまだ解明されていません。

ともかく、ネコの尾の場合は、長尾を嫌い短尾のものを好む、という世間の流行がないと増えるはずはありません。

平安〜江戸時代中期まではネコの長いしっぽがもてはやされていたのに、なぜ人々に疎まれるようになってしまったのかというと、中国からやってきた「怪猫《かいびょう》」伝説がその理由でした。

怪猫になるので長尾を嫌うという風潮は、もともとは中国から入ってきました。日本でも鎌倉時代になると怪猫の話が出てきます。藤原定家の『明月記《めいげつき》』には、「天福元年（1233）8月、奈良にイヌほどもある大きな〝猫股《ねこまた》〟というものが現れ、一夜に7、8人に噛《か》み付き、死んだ人もあった」と記されています。

『古今著聞集《ここんちょもんじゅう》』にも、化け猫についての逸話が載っています。

「観教法印は嵯峨の山荘に愛らしい唐猫がどこからともなくやってきたのを捕らえて飼っていたところ、その唐猫は玉を上手にとるのでかわいがり、玉をとらせていたが、秘蔵の守り刀を取り出して玉のようにとらせたところ、その刀をくわえて逃げていってしまった。人々が追いかけて捕らえようとしたけれどかなわなく、唐猫は行方知れずになってしまった。この唐猫が魔性のものの化身で、守り刀をとったあと、遠慮することなく罪を犯しているのではないか。恐ろしいことだ。」というものです。

1331年ころの『徒然草』では、前記2種を共に〝猫股〟として扱っています。つまり、奥山に棲む猫股ばかりでなく、飼いネコも年をとるとやはり化けて猫股になり、人を食うようになる、と考えられていたのでしょう。

猫股の正体について、やはり古くから論じられてきました。いろいろな噂話や伝説から想像すると、「年老いた黄色か黒色のオスネコで、尾先がふたつに割れている」ということになります。『本朝食鑑』や『和漢三才図会《わかんさんさいずえ》』などにこの猫股が登場します。

時代が経つにつれて猫股の体も大きくなってきます。1685年の『新著聞集』では、紀州の熊野で罠にかかった大猫はイノシシくらいもあったと書かれており、ネコ科でいうならば、オオヤマネコやピューマより大きいことになります。怪物は大きくないと怖くないからでしょうか。

猫股はほかにもさまざまな文献に登場し、火の玉を転がしたり、ものをしゃべったり、死人を踊らせたりする力をもっていると書かれています。なかでも人を食い殺し、その姿（おもに老女）に化けるというのが一般的でした。

本家本元の中国では、すでに隋の時代（589～617年）に猫鬼という妖怪がいて、人を殺したり、人に化けたりするという話があるから、本物のネコが日本に渡来したとき、ほとんど同時にこの怪談話も入ってきたと考えられます。

化け猫で最も有名なのは、1670(寛文10)年に渋谷の下屋敷で起こった「鍋島の猫騒動」でしょう。恨みを残して自害した女主人に代わって、飼いネコが復讐する話です。同じく江戸時代には、「有馬《ありま》の猫騒動」も芝居小屋を賑わせました。子ネコを助けた女中が殿様から寵愛を受け、嫉妬したほかの女中たちにいじめられたことを苦に自害してしまうが、ネコが化け猫となって復讐をするという話です。これらは怪談というよりもむしろネコの恩返しとみるべきかもしれません。

動物の恩返しという物語の発想も中国から由来しています。ただ、「鍋島の猫騒動」、それと「有馬の猫騒動」などは、お家騒動にネコが利用されたとみた方がよいでしょう。たとえば「鍋島の猫騒動」は、肥前佐賀藩の成立期における旧主家・竜造寺家と鍋島家の闘争が、化け猫話に脚色されています。

こんなわけで、長尾のネコは嫌われるようになり、もっぱら短尾のネコがもてはやされました。1848年、ネコ好きで有名な戯作者の山東京山と画家の歌川国芳が手がけた版

有馬猫騒動が題目となった講談

本『朧《おぼろ》月《づき》夜《よ》猫《ねこ》の草紙』は、ネコの冒険活劇として当時も人気を博していましたが、そのなかにも「ネコのしっぽも長いのは流行らない」という一文が出てきます。

このような迷信は、いったん流行ると、そう簡単には消えません。長尾のネコが嫌われるようになると、断尾の習慣ができました。年をとってから尾の先が二股に裂け化けるから、禍《わざわい》を未然に防ぐために長尾のネコの尾を切り取ってしまうようになったのです。これは昭和の初期まで一部の愛猫家のあいだに残っていたそうだから、驚きます。

しっぽを何代にもわたって切り続けてもしっぽの短いネコは産まれません。イヌには断尾の習慣がありますが、断尾したイヌの子どものしっぽは、数百年経っても短くはなりません。突然変異を待つしかないのです。一方、イヌで断尾しないのに生まれつき尾が短いのは、ベルギー原産の品種「スキッパーキ」くらいのものでしょう。

イヌはともかく、この「しっぽ切り」の災難に出会ったのは、もっぱら虎ネコと黒ネコだったといわれていますから、後述する中世のヨーロッパで起こった事件と似たような現象だと思われます。

ただ、日本では「化ける」からといってイエネコを火あぶりにしたり、やたら殺したりすることは行われませんでした。当時の社会的な環境、宗教、文化のちがいなのでしょう。

ネコは一家の守り神

ある旅行者の話を紹介します。ある日、ロンドンの街で奇怪な事件が起こりました。古い家を建て直すためにレンガ造りの壁を壊していたところ、なんと黒ネコのミイラが出てきたのです。爪は剥がれ、恐ろしげな形相で死んでいたといいます。

きっと、壁のあいだから何とか出ようとして苦しんだのでしょう。しかし壁は厚く、乾きと飢えで死んでしまったのにちがいありません。ですが、誰がそんなひどいことをしたのでしょうか。「なんて残酷な！」と誰しもが思うはずです。

イギリスといえば、動物愛護が進んでいるお国柄。当然、警察が調べに来るかと思ったら、そんなことはありませんでした。人々も誰も騒ぎません。ふしぎに思っていると、ひとりのおばあさんが説明してくれました。

「昔、イギリスでは、ネコの死骸を一匹、建物の壁に入れておけば一家が病気にならないという迷信があった。この家は古いから、きっとそんな人が住んでいたのだろう。でも、ふつうは死んだネコを入れるはずなのに……」

なるほど、イギリスの一部の地域では、ネコの死骸を建物の壁のなかに入れておけば一種の〝ネズミよけ〟になる、と言い伝えられてきたのです。それほどまでにネズミが嫌いな理由は、ペストという恐ろしい病気をネズミがもっているからでしょう。

ここでいうネズミというのは、「家ネズミ」のことです。このネズミは人間生活に寄生して生きている大きなクマネズミとドブネズミ、小さなハツカネズミの3種のことを指します。

今の日本でも、クマネズミとドブネズミは都市や公園などに棲みついて悪さをしていることで知られています。幸いこの日本のネズミたちはペスト菌をもっていないので、大きな問題にはなりません。

日本もそうですが、ヨーロッパには、もともとはこのクマネズミとドブネズミは存在しませんでした。ところが西暦1000年から1100年のころ、クマネズミ（おそらく中央アジアで野生生活をしていたもの）が、突然、大増殖して移動しはじめました。

彼らはまず中東からヨーロッパに侵入し、人家に棲みつくようになりました。なぜ急にクマネズミが大移動を開始したのかはわかっていませんが、気候が温暖になり植物がよく育つようになって、クマネズミの数が爆発的に増えたためだと考えられています。

棲んでいる場所が過密になり、食べ物などを求めて、あるいは個体同士が出くわさないホッとできる場所を探して、最初は少しずつ、だんだんダイナミックに移動しはじめたのでしょう。西暦1200年にはクマネズミはすでに全ヨーロッパに広がり、各地で大発生を繰り返していました。

当時、クマネズミは人家のなかを不潔にするだけではなく、農作物の大害獣でもありました。専門の「ネズミ殺し」なる職業の人が各地をまわっていたほどです。この時点ではまだペストは流行っておらず、クマネズミの食害だけが問題となっていました。

１３４６年、中央アジアにいたタタール人がヨーロッパに武力をもって侵入します。タタール人のあいだで流行っていた、恐ろしいペストとともに、です。

ペスト（Pest）はドイツ語で、英語ではプラーグ（Plague）といいますが、本来は「ペスト菌」が常在する地域に棲息するげっ歯類の感染症です。ペスト菌をもつノミがネズミに寄生し、さまざまな場所へ運ばれ、ノミが人間の血を吸うときに菌をうつします。

罹患すると皮膚が黒くなることから「黒死病」とも呼ばれたその病は、まずイタリアに始まり、その年のうちに中東、エジプト、北アフリカへと広がり、翌年はトルコ、ギリシャに驚くべき速度で広がります。

１３４８年にはスペイン、ドイツ、フランス、イギリスを覆いました。クマネズミがすでに棲みついていたために、一気にペストが流行ってしまったのです。

人間はペストにかかると、皮膚ペスト、腺《せん》ペスト、肺ペストという3つのタイプのどれかの症状が出ます。腺ペストはペストのなかでもっとも一般的なもので、脚の付け根、わきの下、首のリンパ節が腫れて大きくなります。

皮膚ペストは、皮膚の丘疹《きゅうしん》や水痘《すいとう》、潰瘍《かいよう》を引き起こします。肺ペストは、まず肺に感染し、患者の咳《せき》などで唾液や痰が飛んでほかの人間に伝染しますが、肺から全身に広がり、最後は血液中で菌が増殖して敗血性ペストになります。ちなみに、ネコはペストには感染しません。

ペストにかかったまま治療をしないと、死亡率は腺ペストの場合で30～75%、肺ペストと敗血性ペストでは実に95%で、短期間のうちに死んでしまいます。西暦1347年から1350年にかけてヨーロッパでこのペストが大流行したとき、当時の全ヨーロッパ人口の4分の1である2500万人もの人間が命を落としました。抗生物質のなかった時代、恐ろしい伝染病だったのです。

その後、ヨーロッパはもう1種の家ネズミであるドブネズミの侵入を受けます。ドブネズミの故郷はあまりはっきりしていませんが、クマネズミと同じく中央アジア付近だといわれています。そこからヨーロッパや東南アジア方面などへと広がったのでしょう。

1727年、中央アジア方面から侵入してきたドブネズミが東ヨーロッパのボルガ川の東岸に大群をなして集まり、地震をきっかけに一斉に川を渡りはじめ、数百万匹も溺れ死んだにもかかわらず西岸へ向かって進撃したという記録が残っています。

ネズミたちの猛進は止まりません。1750年にはドイツへ、1753年にはフランスのパリへ、1800年にはスペインへ、1809年にはスイスへと分布を拡大していきました。

また、ボルガ川を渡ったドブネズミたちから別のグループが生まれ、1728〜1729年には船の荷物に紛れて乗り込みイギリスへと渡り、1975年にはアメリカ大陸へも姿を現しました。

14世紀以後、ペストが大流行することはありませんでしたが、ヨーロッパにはたくさんのクマネズミとドブネズミがいました。ちょっとでも油断すると彼らはたちまち発生し、小規模ながらペストの被害が出て、何百人もの人が命を落としました。

それゆえに、イギリスなどではネズミを獲ってくれるネコを家の守り神のようにしていたというわけです。

ネズミ獲りに役立つということで飼われたはずのネコですが、ネコがいたにも関わらずクマネズミが侵入してきてペストを大流行させ、次にはドブネズミがはびこってしまいました。ネズミを防ぐのに、ネコはあまり役に立たなかったのでしょうか。

いやいや、そんなことはありません。11〜12世紀にヨーロッパでネズミが大発生するのをネコはそれなりに抑えていたはずです。けれども、ネズミの繁殖力がネコの活躍を上回ってしまったのでしょう。

帰化《きか》生物と呼ばれる新しくやってきた生き物は、その地に棲みつくことに成功した直後は爆発的にその数を増やします。そして、極限状態にまで達すると、棲息地がほとんどなくなるため仲間同士の競争が高まり、その後は数がずっと少なくなって安定します。

ヨーロッパのクマネズミの場合、数が安定する前に爆発的な繁殖力によってペストが大流行してしまい、ネコは出遅れてしまったのでしょう。さあ、ようやくネコの出番かな、という段になってまずいことがネコの身に起こります。ネコは「魔女の手先」だといわれるようになったのです。まさに言いがかりをつけられたのでした。

中世ヨーロッパのネコ受難時代

14世紀初頭、1323年ころとされていますが、フランス出身の修道士ベルナール・ギーなる人物が『異端審問官の手引』なる書物を書きます。

そのなかには、「呪術師、占卜者《せんぼく》、降霊者」に関する一章がありました。夫婦の和合や離反、多産や不妊、薬草、予言、妖精の項目について厳しく問いただせよと述べたのです。

彼は、知る人ぞ知る小説『薔薇の名前』に登場することで悪名高い人物で、この小説をもとにした映画では、最後に悪業の報いのように無残な死に方をしていますが、実際には審問官を引退した後も長く司教職を勤めあげたとされています。

それはともかく、1484年、法王が回勅「緊急の要請」を公布して魔女の存在を断定し、その時代の審問官の活動を擁護しました。続いて1486年、『魔女の鉄槌』が公刊されて、本格的な魔女狩りの時代がはじまりました。ついに恐るべき「魔女裁判」が開廷されるようになったのです。

当時のキリスト教会は、異教の神をあがめる人間はおろか、民間に伝わる呪術や儀式をとりおこなったりする者も、ことごとく悪魔と契約を交わした〝闇の勢力〟とみなすようになっていました。

「魔女」だからといって女性とは限らず、男性でも魔女だし、ときにはネコやウサギなどの動物に変身するとか、空中飛翔するとか、まことしやかに語られていました。

魔女裁判では拷問が用いられ、自白が強要されました。拷問によっても自白しないときには、自白しないということが悪魔によって守られている証拠だとして断罪されたのだからたまりません。

魔女がほうきに乗って空を飛ぶとか、大釜で異様なスープを煮こむといった当世に伝わる典型的な魔女像も、このころにつくられたものです。キリスト教史を暗黒に彩る魔女裁判が行われるようになったひとつの原因は、ペストによる社会不安を抑えることにあったとみられています。

魔女裁判の犠牲者の正確な数はわかりませんが、16～17世紀に訪れる魔女狩りの全盛期を迎えるまでにすでに10万人を超えたとされています。全盛期には、ドイツ、フランス、イギリスなどで、子どもを含む多数の人間が魔女の名のもとに裁判にかけられて処刑され、その犠牲者の数は数十万人にのぼるともいわれます。

そんななか、ネコは恐ろしい魔女のイメージと結びつけられ、人々から憎悪されたあげく、火のなかに投げ込まれました。被害に遭ったのは数匹だけでなく、無数のネコが火のなかに投げ込まれたのだから驚きます。しかも、生きたまま！

夜に出歩くというネコの習性が魔女の集会と結びつけられ、またイヌほど人に懐かない性質やひっそりとした生活様式が、ネコと魔女についての迷信を生み出したのだといわれています。ネコは魔女の化身や使者として徹底的に嫌われ、殺されたわけです。

魔女狩りは18世紀に入って啓蒙思想が普及するとともに下火となりますが、魔女信仰はその後も根強く生き続けました。イギリスで魔女禁止令が廃止されたのは１９５１年のこと、わずか60年前のことです！

さて、その一方で、ネコはネズミから家を守るもの、という考えもヨーロッパに根づいていました。

たとえば、ロンドンのブルームズベリー地区にあった18世紀の建物が改築されたときには、家々の壁のなかから乾燥させた、つまりミイラ状態にされたイエネコの遺体が5、6体見つかっています。このようなミイラのなかには、ネズミをくわえている姿勢のものや、ネコの傍らにネズミのミイラを置いたものなどがありました。

一方ではネコを魔女の手先だとして殺し、もう一方ではネズミを獲ってくれるありがたい動物だと考えるなど、まったく矛盾しています。どちらにしてもネコを殺すことだったのだから、人間の行動にはあきれ果てるしかありません。

こうした迷信のいくつかはごく最近まで根強く残っていました。たとえば、黒ネコが目の前を横切ることを不幸の前触れと考えて嫌う人が多くいました。黒ネコは魔女狩りでもとくに目をつけられ、中世ではもっとも嫌われていたネコでした。

その一方で、逆に、ネコに出会うのは幸運の印だと考える人もいたのだから、いかに迷信というものがいい加減なものだったかがわかります。それにしても、人々がネコに対する科学的な知識をもっていたら、決してそんなことは起こらなかったでしょう。つくづく、「正しい知識」というものが大切だと思います。

今でこそネコは、のんびりと日なたでくつろいでいますが、そんな残酷な目に遭った時代

もあったわけです。こんなにひどい目に遭ってもなお、ネコは人間を信頼してくれているのでしょうか。
　街のなかで、農村で、ネコたちは自由を満喫しています。人間の姿を見ても、無理に近づきすぎなければ、逃げるネコはそうそういません。ネコにとって人間は優しくなったり、冷たくなったり、怖そうになったり、ときとしてころころ変わりますが、ネコの方は変わりません。いつの世もいつも素直で正直で、ずっとまともであり続けたのです。

イヌはネコよりネズミ獲り上手!?

中世の魔女迷信の被害者だったことを除けば、ネコはずっと大切な食糧をネズミから守ってくれる大切な動物とされてきました。それほどに、ネコは古くからネズミ獲りの名人だったというわけですが、面白いことに、ネズミ獲りのチャンピオンはイヌなのです。

ギネス・ブックというのは世界中のさまざまな記録の〝一番〟が載っていることでよく知られていますが、その記録によれば、ブルテリアという品種のイヌがイギリスで行われた「ネズミ獲り競技」に出て、1時間半で500匹のネズミを捕まえて優勝した、と書かれています。また、テリアなどの品種もネズミ獲りが上手だと知られています。

ネコよりもイヌの方がネズミを獲るのがうまいというのもふしぎな話ですが、これはイヌの方が人間の命令をよく聞くので、ネズミ獲りの練習ができ、競技に向いているからでしょう。

ネコをこんな競技に出しても、「私は知らないわ」とそっぽを向いていて、とても競技になりません。どちらがネズミ獲り名人なのかといえば、やはりそれはネコに決まっています。ネコという生き物は、ネズミなどの小形動物を捕らえることに関しては天才なのです。

本来、イエイヌが含まれるイヌ属の動物は自分よりも小さな獲物をめったに狙いません。イヌ属とはイヌ科からさらに進化したものであり、イエイヌのほかにはオオカミなどが含まれています。彼らは群れを組んで生活するのが基本であり、みんなで山分けしても十分な肉が確保できるように、自分たちよりも大きな獲物を狙います。

また、彼らはチームワークを活かしつつ長距離を走ります。小さな獲物では、捕らえるときに使うエネルギーをまかなうことができません。一度の狩りで動員する頭数と、消費されるエネルギーを鑑みると、ネズミなんて狩っている場合ではないのです。

反対に、ネコは単独性の生き物です。ゆっくりと静かに歩くのも、エネルギー節約に一役買っています。そんなときに出会う獲物を一瞬で捕らえたり、待ち伏せたりします。

小形のヤマネコ類は下生えのなかを動き回るネズミや、地面に降りて食べ物をついばむ小鳥がおもな獲物ですが、いわゆる省エネ・スタイルな小形のヤマネコ類にとっては、この獲物でエネルギー的には十分バランスがとれています。

ちなみに、同じネコ科であっても、大形のヤマネコ類であるライオンは、自分たちよりもずっと大きなアフリカスイギュウやヌー、シマウマを獲物としています。

ネコ科でも平原に適応したライオンは、おもにメスが群れをなして狩りをします。チームをつくって狩りを行うスタイルはイヌ科のオオカミたちと似ており、狩りで消費・供給されるエネルギーのバランスも実に合理的です。

単独・省エネスタイルが定番のネコ科であっても、平原という環境では、みなで狩りをする群れで生きる方が具合がよいわけです。

船乗りがネコを愛した理由

さて、ローマ法王が回勅「緊急の要請」を公布してヨーロッパで魔女の存在を断定した3年後の1487年、ポルトガルの航海者B・ディアスがアフリカ南端に達して、インド航路開拓の発端を開きました。その5年後にはスペインの港から出港したC・コロンブスが西インド諸島に到達します。大航海時代の幕開けです。

これらの帆船にはもちろんネコも乗っていました。航海中の食糧をネズミから守るためです。1768年からイギリスのキャプテン・クックが行った3回の世界探検の際も、ネコが一緒でした。

キャプテン・クックは、同乗していたネコについて、航海日誌にこう記しています。「こうした見たことのない珍しい動物を、初めて見て興味をひかれた人もいた」とか、太平洋の小島トンガの住民が「私のネコをとても気に入り、数人の村人が一度ならず盗もうとして、ディスカバリー号の船上で鞭打たれている」だとか。

さらに、「タヒチでは、3年前の1774年に立ち寄ったスペイン船できたネコがすでに野生化していて、山にまで入り込んで暮らしていた」とも書いていました。

また、ネコは船の食糧の守り神であることのほかにもうひとつ役割があります。航海の安全、つまり嵐から船を守っていました。といってもネコが安全祈願をしたわけではなく、船が嵐に巻き込まれた最悪の事態に、船員たちがネコを生け贄《にえ》として海に投げ込んだのでした。

航海の生け贄という考え方は江戸時代の日本にもありました。船を嵐などから守るための「船霊様《ふなだまさま》」という守護霊です。船の安全を願って、サイコロ、女の人の髪の毛、人形、五穀、銭などをご神体として船内に祀る習慣があり、このご神体のひとつにネコが選ばれることがありました。

船が大嵐に遭い、とても無事には帰れそうにないという状態になると、大切な積み荷を投げ捨てます。それでも船が沈みそうになると、ご神体のネコを海に投げ込んで、嵐を鎮めてくれるよう頼むのです。

ご神体のネコは、とくに三毛ネコのオスが好まれました。三毛ネコのオスは、遺伝学的な理由でめったに生まれることがなく、その確率は3万分の1といわれています。この希少さがご神体としての価値を高めたのでしょう。

「命だけは助かりたい！」という思いからの一種の生け贄の発想ですが、人間というものは、洋の東西を問わず、似たようなことを考えたわけです。

ノアの方舟《はこぶね》に乗ったネコ

ネコが船に乗ったのは、ご神体やネズミ狩りのためだけではありません。その昔、「ノアの方舟」という伝説がありますが、ネコはこの舟にも乗っていた、というのです。いや、正確にはネコはこの舟で生まれた、と記されています。

もちろんヨーロッパの伝説ですが、『創世記《そうせいき》』によれば、神から大洪水が起きることを知らされたノアは松の木で巨大な方舟をこしらえ、地上のあらゆる種類の動物をオス・メス2匹（あるいは、清い獣のオスとメスを7匹ずつ、清くない獣のオスとメスを2匹ずつ、空の鳥のオスとメスを7羽ずつ）乗せ、難を逃れた、といわれています。

それらの動物がどんなものであったのか詳しく記されてはいませんが、「地上の様子を調べさせるためにカラスとハトを方舟の窓を開けて放した」とあるので、カラスとハトがいたことだけは確かです。

伝説によれば、当初、方舟にネコは乗っていませんでした。一方で、方舟に乗せられていたネズミがまさに鼠算式《ねずみざん》に増えていったため、ノアとその家族たちは食料に窮するようになりました。

「いったいどうしたものか?」と、困ったノアは百獣の王たるライオンに相談します。すると、ライオンは鼻を動かし、くしゃみをしました。そのくしゃみとともにライオンによく似た動物が雌雄2匹飛び出してきたのです。その動物というのがネコでした。

ネコはネズミを片っ端から退治し、おかげでネズミの数は少なくなりました。これがネコという種のはじまりだといわれています。

この伝説には余談があります。方舟のなかにいたとき、ネコはその柱で爪を研ぎ、台無しにしてしまったので、ノアはネコを甲板に追いやりました。以来、ネコは雨嫌いになったのだといいます。

また、ネコは方舟に乗っていたライオンとサルが愛しあった結果生まれたという別の伝説もあります。そのため、ネコはライオンのもつ気品と、サルのもつ遊び好きな性質を備えているのだそうです。

ほかにも、ネコという種はもともと地上にいて、ノアの方舟に飛び乗ったときにしっぽ

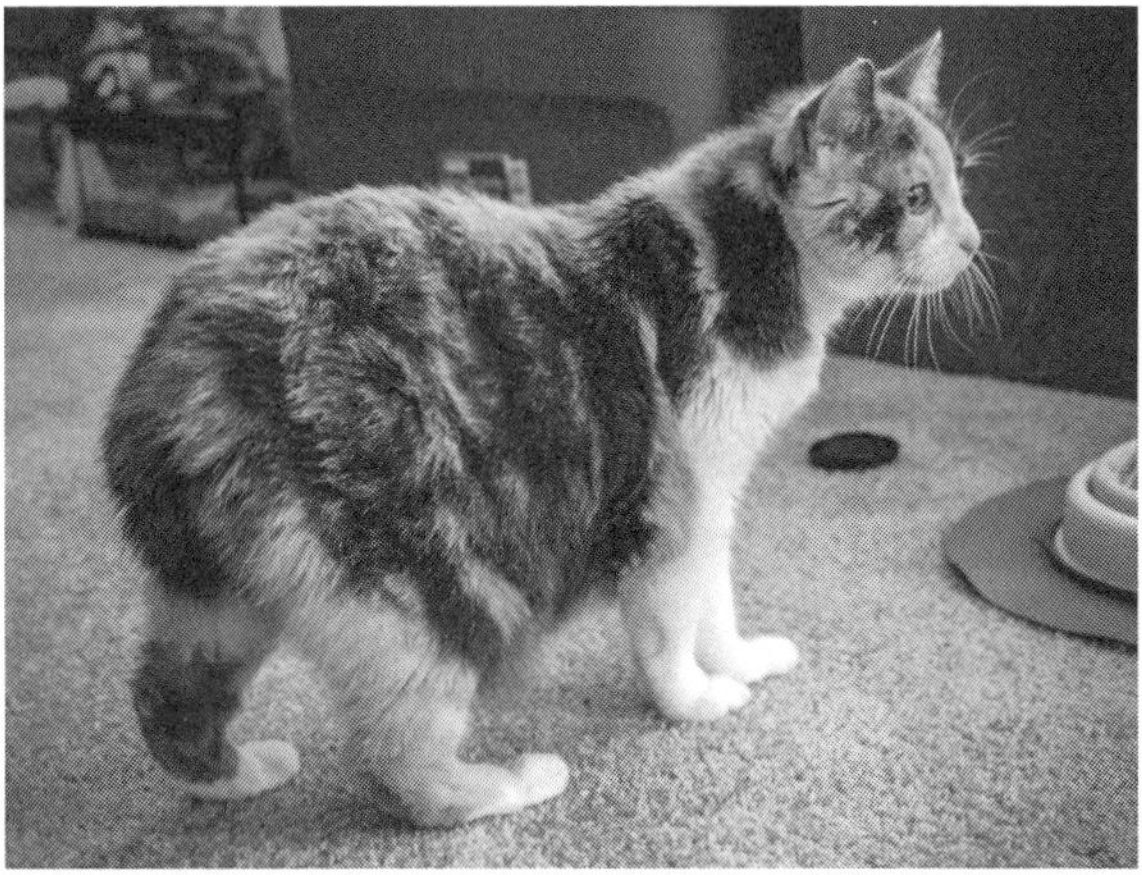
マンクス

がドアにはさまって切れ、それが〝尾のないネコ〟で有名なマンクスネコになった、などという話もあります。

ちなみに、このマンクスネコというのは、ネコの品種の歴史のなかでは古く、1901年にはイギリスにマンクスだけの愛好クラブが設立されました。前足《まえあし》よりも後足《あとあし》が長いためピョンピョンと飛び跳ねるような独特の歩き方をしますが、これを〝マンクス・ホップ〟と呼び、尻が高く、オレンジのように丸いのが理想的な体形とされています。

同じ腹から生まれた子どもたちでさえも、その尾の長さはさまざまです。そのため、しっぽの長さによって、4種類に分けられています。

「ランピー」：尾が完全になく尾のあるべき部分がくぼんでいる。

「ランピー・ライザー」：尾椎がいくつかあって、小さな瘤《こぶ》のような尾をもつ。

「スタンピー」：曲がる、もしくはよじれている動かない短い尾をもつ。

「ロンギー」：短いが完全な尾をもつ。

というもので、これは品種ではなく、「変種」、つまり愛称程度のものと考えた方がよいでしょう。

ついでにいうならば、このマンクスはイギリスのマン島のネコで、ウサギとの雑種だから尾がなかったり極端に短かったりするのだという迷信に近い考え方がありました。もちろん、ネコとウサギはまったくちがう動物だから、彼らのあいだに混血の子が生まれることはあるはずがありません。しかし、この説は新聞に紹介されて大いに話題となったため、一部の人にはつい最近まで信じられてきました。

前述のとおり、マンチカンは同じ日に生まれた兄弟であっても尾のないものとあるものが生まれます。この迷信のもととなったマンチカンは、一腹の4子のうち2匹には尾をもたずに生まれ、野生化した飼いネコだった母ネコはアナウサギの巣の近くに棲んでいたため、いかにも信憑性があるかのように思われてしまったのです。

このほかにも、マンクスネコの起源については、日本から運ばれてきたものだとか、ベトナムの短尾種が船で運ばれて棲みついたものとする説や、スペインの無敵艦隊の置きみやげだという説もあります。

しかし、ニホンネコと同じように、ローマ人によって大切に運び込まれたものがやがて土着のネコとなり、そのなかから突然変異によってマンクスのような尾がないネコが誕生したとみる方が自然な考え方でしょう。

第4章 現代のネコ事情

ノラネコの数を決める2つの条件

昔から「イヌは人につき、ネコは家につく」といわれるように、イヌは人に依存して暮らす一方で、ネコは家に執着して暮らします。「家」というのは1匹だけで棲み、ほかのネコの侵入を許さないナワバリのことです。

ノラネコの場合、家ではなく、ある地域に密着して暮らします。もともと、野生のネコ類も、自分の好みの土地にこだわってナワバリをつくり、そこに密着した生活をおくっていました。それぞれが単独でナワバリをもち、干渉しあわないのが暗黙のルールです。

けれども、狭い室内に何匹もネコを飼っていることもあるし、路地などを歩いていると何匹ものノラネコに出会うこともあります。同じ地域のノラネコとつかず離れずの暮らしぶりを目にすると、「単独性じゃなかったのか!?」と、ふしぎに思うかもしれません。

実は、ネコ社会では、(ネコたち本人にしかわからない、得体のしれない)相性も重要な一方で、おもには食べ物の量によってその地域に棲息するネコの数が決まります。食べ物が少なければ、その地域にいるネコは少なくなります。いわれてみれば、そりゃそうだというふうに思うでしょうが。

生き物というものは、自分だけは生き残り何とか子孫を残そうとするものです。一方で、食べ物が豊富ならば気持ちもおおらかになります。飢えていなければ、ほかのネコがいようがまったく構わないようです。気にしない、いや、気になるけれども無視できるのです。

ネコ科動物のなかで唯一、集団で生活することで知られるのがライオンです。この集団は「プライド」と呼ばれます。プライドとは、1〜3頭のオス、3〜7頭ほどのメス、それと子どもたちからなる集団をいいます。

この集団の大きさは、棲息地域に棲む獲物の数と、集団の社会的な形態に左右されることがわかっています。ライオンが狩りや子育てを行う集団には、環境に応じて最適な大きさがあり、彼らはそれを自然と調整しているということです。

たとえば、プライドに10頭以上もいると食べ物の分け前が少なくなってしまいます。かといって頭数が少なければ、狩りで獲物に逃げられることが多くなります。

狩りを主導するのはメスですが、1匹だけだと狩りの成功率が下がります。メスは最低でも3頭いないと集団が飢えてしまうのです。狩りの効率か分け前か……この天秤が難しいところです。

棲息地域に棲む獲物の数も重要な要素です。獲物が多いと、10頭を超えた集団はふたつに分かれ、それぞれが繁殖し、ライオン全体の数も増えます。逆に、獲物がほとんどいなくなると集団は崩壊し、単独で行動するものが増えます。

さて、イエネコはどうでしょうか？　彼らが集団をなす場合、食べ物の量が重要とはすでに記しました。そのうえで、ライオンでいう「社会的な形態」も無視できません。

ここでいう「社会的な形態」とは、家庭ネコならば飼い主や家族の愛情、ノラネコなら残飯を出す家や店の人との関係、地域ネコならエサやりのおばさんや雨宿りさせてくれる家の住人などとの関係を指します。

その地域に、ネコにとって優しい人が多ければ、ネコたちは安心して棲むことができるでしょう。ネコを嫌う人が多ければ、ネコたちはいつも警戒しながら、行っても大丈夫な場所、そうでない場所をちゃんと記憶しなければならず、落ち着きません。

ましてや、そのような不安が多い場所では子育てもままならないでしょう。食べ物が多くても、こうした人的環境もネコの数を左右しているに違いないのです。

飼いネコに眠る野性スイッチ

物静かでかわいらしいネコも、獲物を前にすると野性に戻るときがあります。一方で、人間は「野性的」とかいう人はいても「野性」そのものにはなれません。脳の前頭前野が野性行動（攻撃的本能や衝動的行動）を抑えているからです。

飼いネコが〝一時的に野性に目覚める〟ということは、野生ネコが野性を捨てて人間のもとで暮らすようになったから起こる現象です。

ネコが人間のもとで暮らすようになったわけはすでに述べましたが、彼らが野性を捨てるまでには、人間に飼育されるようになり、より野性のないものが選ばれる人為的な淘汰の積み重ねがありました。

こうして野性を捨てて子ネコ化したネコたちですが、ときおり野性の顔を見せることがあります。ネコは野性のスイッチが入る仕組みを内蔵しており、何らかの刺激があればすぐに野性気分に浸ることができるのです。

最たるところは、本能行動に根ざす繁殖期です。どんなに人間に馴れていようが、このときだけは完全に野性にかえります。繁殖とは、生き物が数億年ものあいだ引き継いできた行動だからです。

繁殖期でなくとも、さまざまなシーンでネコの野性状態を目にすることができます。どの程度の野生に戻るかも、またさまざまです。

仰向けになって脚をひろげてグゥグゥと眠る飼いネコそのもののときを野性度0％、まったく人間に馴れていないノラネコの野性度を100％としてみましょう。

突然何もいない天井の片隅を見上げてキッとした目つきになり、人間の顔を見て物陰に隠れたりするのは、軽い野性気分になったときで、10％くらいの野性度でしょう。

本能的（生得的）に行動する発情期のケンカなどは置いておいても、スズメなどの小鳥を見つけたときに身を固くする姿や忍び寄る行動などは90％以上の野性度で、人間の呼び声などは完全に無視する……というか、聞こえていないようです。何かに夢中になると、ほかのものが言っている言葉が聞こえなくなるのは、人間と同じです。

ネコの気分は4通り

ゴロンと寝ころび、飼い主べったりだったネコが、いきなり野性状態となることがあります。たとえば、おなかを上にしてゴロゴロとのどを鳴らすから、うれしくなって柔らかなおなかを撫でていたら、ほんの数秒で爪を立ててきたり……その切り換えの早さには驚きます。

これは、飼い主にべったりの「家ネコ気分」から、真逆の「野性ネコ気分」へと切り替わったから生じる現象です。切り換えパターンは他にもあり、単独性を重んじる「大人ネコ気分」から、やはり真逆の「子ネコ気分」への切り換えが頻繁に起こります。気分の切り換えは、飼いネコならではの実に面白い点です。

目まぐるしく変わるネコの気分を観察していると、どうやらこの2組に加えてもうひとつかふたつ気分がありそうです。「家ネコ気分」を凌駕《りょうが》するほど飼い主を慕う「恋人気分」が考えられますが、これに対応する真逆の気分をまだ言葉にできていません。

それにしても、ネコはなぜこれほど一瞬で気分の切り換えができるのでしょうか。それは、ネコがまだ野生だったころ、つまりヤマネコ時代にやはり身についたのだと考えられます。

単独のハンターとして進化してきたヤマネコは、小形ほ乳類や鳥類を捕食してきましたが、いつも狩りがうまくいくわけではありません。トラやチーターなどのネコ科動物の狩りから鑑みると、その成功率は平均すると10％前後だと考えられます。失敗する方がはるかに多いのです。

失敗すると、ネコだって落ち込みます。そんなときでも、次の狩りに挑戦しなければ生きていけません。こうした局面で、ネコ類はやおら毛づくろい、爪とぎ、あくび、背伸びなどをして気を紛らわせようとします。その状況にふさわしくない行動をとることを「転《てん》位行動《いこうどう》」と呼びますが、ほんの数秒で気分転換ができるのです。

このような習性のあるヤマネコ類を祖先にもつネコだから、気分転換はお手の物です。ネコが気分を入れかえするときは、狩りに失敗したというわけではないのだから、そのつど

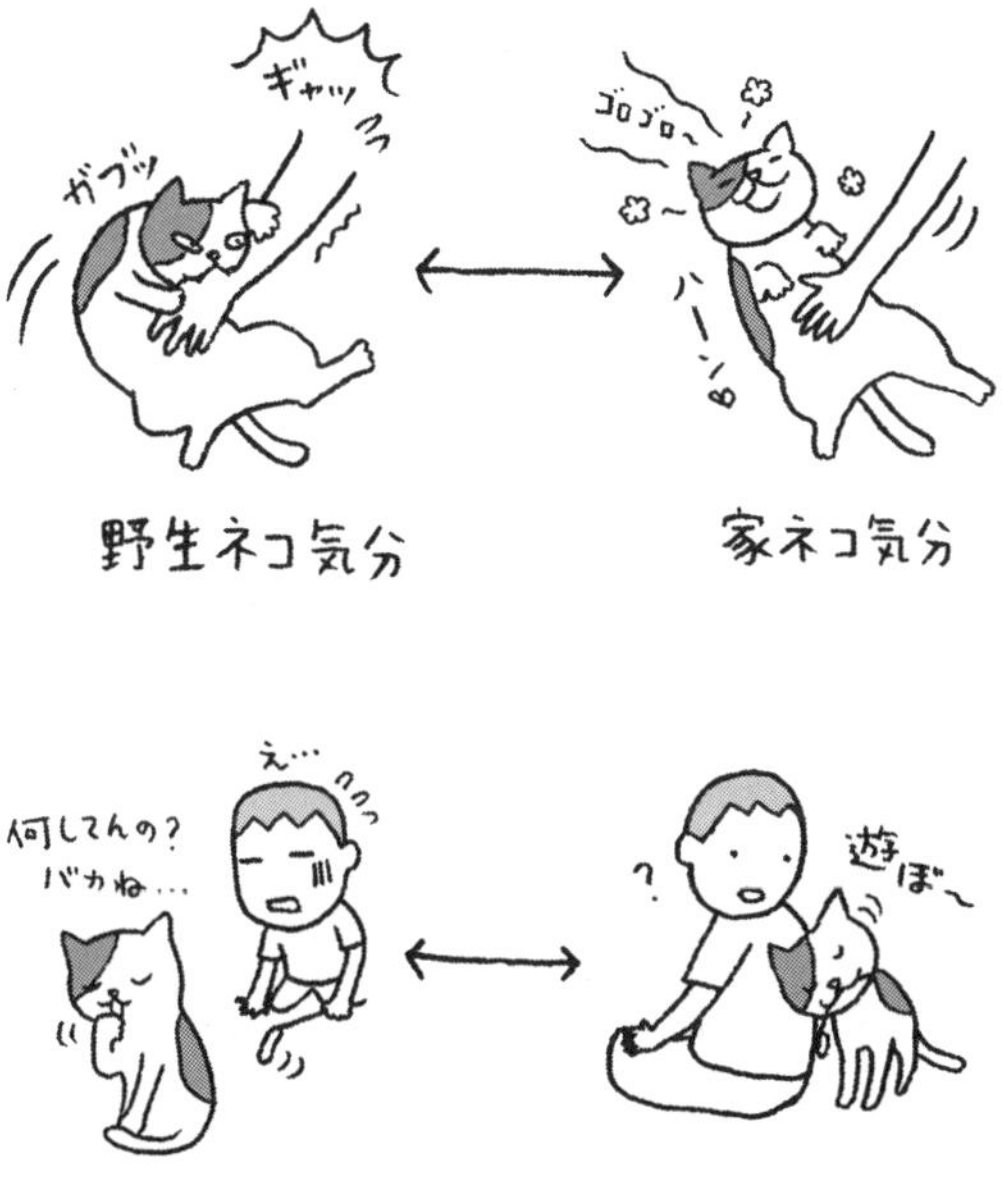
ギャッ
ガブッ
ゴロゴロ〜
野生ネコ気分
家ネコ気分
え…
何してんの?
バカね…
遊ぼ〜
大人ネコ気分
子ネコ気分

転位行動をとらなくても、コロコロと気分を入れかえることができるのでしょう。

ネコは人間のそばに〝いてくれている〟存在?

いまや、イヌ・ネコ以外にも、さまざまな動物がペットとして飼育されていますが、家畜やペットとなった動物のなかでも、ネコは唯一といっていいほどの単独行動者です。小さなげっ歯類を除けば、ほかにはイタチ科のフェレットしか単独性をもつ生き物はいません。

左図を参照すると、イヌは別格ですが、そのほかの動物は1万年ほど前に家畜化が始まっています。古代西アジアの人々はさまざまな動物をいろいろな手段・場所で飼育し、その飼育条件に合うものを探していきました。

家畜化された動物は、繁殖の手間がかからないようにするためか、もともと近親交配に強い種だけが残っています。ほとんどの動物は近親交配に弱く、その子は奇形であったりまったく力がなかったりして、増殖させることができません。

動物家畜化の時期

年代	動物名	分類カテゴリー
3万3000年前頃	イヌ	食肉目イヌ科
1万年前	ヒツジ、ヤギ	偶蹄目ウシ科
9500年以上前	ネコ	食肉目ネコ科
9000年前	ウシ	偶蹄目ウシ科
	ブタ	偶蹄目イノシシ科
	ニワトリ	キジ目キジ科
7000年前	ラマ	偶蹄目ラクダ科
5500年前	ウマ	奇蹄目ウマ科
5000年前	ロバ	奇蹄目ウマ科
	ラクダ	偶蹄目ラクダ科
	アジアスイギュウ	偶蹄目ウシ科
	フェレット	食肉目イタチ科
3000年前	モルモット	げっ歯目テンジクネズミ科
	ガチョウ	カモ目カモ科
	ハト	ハト目ハト科
	キンギョ	コイ目コイ科
紀元元年頃	ウサギ	ウサギ目ウサギ科
	アヒル	カモ目カモ科
1000年	カナリア	スズメ目アトリ科
	ラット	げっ歯目ネズミ科
	マウス	げっ歯目ネズミ科
1920年	アメリカミンク	食肉目イタチ科
1930年	ゴールデンハムスター	げっ歯目キヌゲネズミ科

しかし、なかには、飼い始めて最初のうちは近親交配で増えるけれど、やがて増えなくなるというトナカイなどの例もあります。ある動物園のトナカイは、最初の数年はどんどん増え、そのうちほとんど産まなくなり、ついにはゼロとなり、展示が終わってしまったことがありました。ときどき別のトナカイを入れないと、個体数を維持できないのです。

また、家畜化された動物のうち、小形ほ乳類や鳥類などを除くと、すべてが群れをつくる動物であることがわかります。例を挙げるなら、イヌ、ヒツジ、ヤギ、ウシ、ブタ、ラマ、ウマ、ロバ、ラクダ、アジアスイギュウなどです。

イヌを除けば、これらはすべて草食性です。この動物たちは群れで生活し、群れを導くリーダー、もしくは力の強いボスがいます。

この習性は人間側からみると大変都合がよく、飼育下においても抜けることがありません。100頭ほどの群れであっても、リーダーやボスを制御すれば統率がとれるため、少ない人数で効率よく飼えるのです。

イヌは肉食性ですが、群れの構造は人間同士の関係性と似た上下関係によってできあがっています。人間がイヌの群れのリーダーになれば、群れのメンバーに指示を聞かせることができます。

　さて、ネコはイヌと同じく肉食性ですが、それぞれ1匹ずつ暮らしています。代表的な家畜動物と比べると、単独行動がいかにユニークであるかおわかりでしょう。

　現代のネコの勝手、気ままさはこの単独性から生じています。繁殖期を除けば自分だけで生きているから誰の言うことも聞く必要がありません。好きなときに好きなことをする、完璧なマイペース型動物なのです。

　このような動物を飼いならした古代人は、血のにじむような努力を行ったはずです。そもそも、古代において野生動物を飼いならすのは、並大抵のことではありません。たとえば、ウシの家畜化だって、相当の苦労があったと考えられます。

　ウシの祖先である野生種は、オーロックス（原牛）と呼ばれる巨大な動物でした。肩までの高さは2mにものぼり、体重は1トンもあります。彼らを従えさせるのは、命がけの作業です。それでも、ウシにはリーダー制があるから、1頭だけ言うことを聞かせれば、群れの飼育は可能です。

　さて、ネコはどうだったかというと……体が小さいため、ウシと比べれば危険は低かったでしょう。しかし、ネコ本人の気が向かなければ、生活を共にすることはできません。ひたすら、ネコの方から近寄ってくるのを待つしか手がありません。

お客さんとして呼ばれていった家のネコに初めて会ったとき、同じような「ネコ待ち状態」になったことはないでしょうか。こちらに寄ってきたら抱っこしようなどと目論んで愛想を振りまいても、ネコはちっともきません。

こういうときは、知らん顔をしていた方がよいのです。すると、ネコの方が好奇心をもって必ず寄ってきます。テリトリーにやってきた不審なヤツを調べにくるのです。それを待つしか手がありません。

古代人もネコの習性をじきに理解したはずです。ただ、待つといっても、古代人には強い味方がいました。人間の穀物目当てに集まったハツカネズミです。

どんな動物も食べ物の魅力には負けてしまいます。危険だとわかっていても、ネコは静かにこちらへ接近してきたのでしょう。食べ物なくして命は保てないからです。

かくして、単独で行動する孤高のネコも、人間の手中に収まりました。ですが、ネコたちはまったく服従はしていません。ネコに言わせれば、「居てあげてる」だけです。

そういえば、イエネコは人間を「大きいけれど狩りもできないダメなネコ」だと思っているという説があります。たしかにネコが捕まえた獲物を飼い主のもとに持っていくことがありますが、この行動は母ネコが子ネコに狩りの教育をしている様子によく似ています。飼い主のことなんて、体の大きいダメネコに「教えてやってる」つもりでいるのかもしれません。

ネコの方からしたら、「バッタをもってきても、スズメをもってきても、ちっとも狩りの学習をしない大ネコだ。ネズミを持ってきたときにゃ、悲鳴をあげてる！」なんて思っているのでしょうか。精神的にはイエネコの方が人よりも上をいっているのかもしれません。

狩りの成功率は10％

すっかりダレ切っているようでいながら、目の前にヘビやトカゲ、スズメやドブネズミ、ゴキブリなんかが現れた瞬間、ネコはまさに豹変します。目は獲物を見つめてらんらんと輝き、狩りに集中します。

「こいつを半殺しにしてダメな飼い主を教育しよう」と思っているのかもしれません。もはや「タマちゃ〜ん」なんていう飼い主の呼びかけには一切反応しないのです。

獲物が「どっちに逃げようか」と気を散らせた瞬間、ネコは目にも留まらぬスピードで一気に跳びかかります。人間の目からは何がどうなっているのかまったく見えないですが、ネコはすばやい獲物の動きに反応し、瞬時にして咬みつき、とどめをさします。

氷のように固まった人間の方は気が動転して、「ワァー」くらいしか声が出ませんが、我々の言葉が出るか出ないかのうちに、狩りは終わっているのです。あたりには血が点々と垂れ、獲物をくわえたネコは自慢げな様子。

かといって、ネコといえども百発百中の狩りの名手ではありません。先ほど、その勝率は1割ほどと述べたように、広い野原などでは失敗の連続です。

スズメが地面に降りて草の実をついばんでいるのを見つけると、即、ネコは狩りの態勢に入ります。体を低くして、おなかを地面スレスレまで下げ、目は獲物に釘づけ、耳をピンと立て、全神経を獲物に集中させます。

スズメが地面をつついた瞬間、ネコはツツツッーとほふく前進し、スズメが顔をあげ首

フリーズしているネコ

を伸ばしてあたりをきょろきょろと警戒する直前、ピタリと止まります。まるで「だるまさんが転んだ」をしているかのようです。

またスズメが頭を下げるとネコは前進……これを繰り返して、少しずつ獲物に接近します。雑草、低木の枝などが茂っていても、ヒゲを働かせ、目と耳を獲物に向けたまま、ネコは音も立てずに巧みに潜り抜けて行きます。まるでヘビのようです。

あと1・5mくらいのところまで到達すると、ネコは伸びきっていた体を少し縮めて、後あしをそろえて、一気に跳びだすタイミングを計ります。フリーズ（凍りついたように動かない状態）し、尾は後方へまっすぐ伸びています。

じきに、尾の先端だけが左右にピクピクと動きだします。「跳びだせ！」「いや、待て！」というふたつの気持ちが葛藤し、そのストレスが尾先にあらわれているのです。この葛藤の結果、突進するタイミングをじりじりと計ることになるのです。

固唾を飲んで見守っていると、たいていのスズメは、何となくパタパタパタパタ……と飛んでいってしまいます。ネコの接近を察知し、殺気を感じたのかは、スズメのみぞ知るところでしょう。

飛び去るスズメをボー然と見送るネコ、人間なら地団駄を踏むところでしょうが、ネコは涼しい顔をしています。内心はどうだかわかりませんが、表面的には何事もなかったかのような顔つきです。

そしておもむろに正座して顔のあたりをぬぐったり、あくびをしたり、近くにある木の根元に歩み寄るとガリガリと爪とぎなどをします。このような転位行動によって気を紛らわせているわけです。

野生のネコ科動物も狩りなど失敗すると転位行動をするのでしょうか。まだよく観察されていないのですが、おそらく、みな転位行動をするものと思われます。

野生のチーターやライオンが休んでいるところへ撮影隊が近づいてビデオカメラをまわすと、チーターやライオンはやおらあくびをしたり、ストレッチをしたりします。これは、休息を妨害されたことを訴える行動で、ネコにもよく見られます。チーターやライオンのあくびも、転位行動であると考えられます。

ネコは「小さな猛獣」などといわれることがありますが、確かに、これは正しいといえるでしょう。ネコは街に生きる小さなライオンなのです。

父ネコは子育てをする？

外出したとき、ときどき通る細い路地があります。道の両側にはところ狭しと植木が並べられ、季節によってはアジサイ、クチナシ、ボケ、ウメやサクラが花をつけていました。夏にはアサガオが咲くような、下町の風情あふれた小路です。

そんな路地に、いつもネコが5匹いました。ほとんど黒色で橙色が混ざったサビの大人メスが1匹、やせて真黒な大人オスが1匹、活発な茶トラの子ネコが2匹、三毛っぽい子ネコが1匹。5匹は親子兄妹のようでした。

サビのメスは子ネコたちの世話を甲斐甲斐しくやいており、どうやら母親のようです。一方、真黒のオスは、留守にすることもありますが、4匹から少し離れたところでひなたぼっこなどしている様子をよく見かけました。

路地でこのネコたちを観察していて、驚いたことがあります。それが、この真黒なオスネコの存在でした。ネコの世界はみんな単独性で、子育てのとき以外は群れをなさず、父親であるオスは子育てに参加しない、というのが定説です。だから、最初は黒い個体はこのあたりに棲むよそ者的なオスだと思っていました。

よそ者のオスが母子に接近すると、子ネコを攻撃することがあります。どうなることかと注意して見ていると、そのオスは毎日短時間、4匹のもとへやってきていました。子ネコたちも母親も、オスをまったく警戒していません。

どうやら彼は4匹にとって他人(ネコ?)というわけではなく、親しい間柄……ひょっとすると父親かもしれない、と思い直しました。

母ネコと子ネコたち。この日、父ネコは現れなかった。

路地にやってくると、子ネコたちといつも一緒にはいないけれど、オスは近くに佇《たたず》んでいます。そして、ときどき母子のところへきては、子ネコたちと遊んでいました。

追いかけっこ、取っ組み合い、しっぽを使ってじゃらしてやることもあります。おそらく少し離れたところにいて、母子を見張って守っていたのでしょう。

ネコ科動物の中でオスが子育てに参加することが知られているのは、つい最近まではライオンだけでした。しかし何年か前のテレビの動物番組で、インドのベンガルトラのオスが育児参加する映像を見たことがあります。

オスは母子のところへそっと忍び寄り、子

トラたちを驚かせてから取っ組み合いをして遊んでいました。オスも子育てに参加するという映像を見て非常に驚きましたが、イエネコのオスもトラと同じように子育てに参加するという事実は、新たな発見です。

近年、母ネコの姉妹がヘルパーとして子育てに参加することが報告されて話題になりました。大人になった姉妹のネコが共同体をつくり、子ネコを共に育てるというケースです。打って変わって父親が育児に参加するとは……驚きでした。

「イクメンのネコはこの黒いオスネコだけだろうか？」と思い、ネコの育児シーンを調べてみると、あるノラネコの映像を見つけました

映像には、物置のような場所で母ネコが子育てをしている様子が映っています。そこに1匹のオスがやってきました。強そうなオスは用心深く静かに物置に入ってきて、「フンフン」と匂いを嗅ぎまわります。その姿を母ネコは見るでもなく、まったくの無視のまま寝そべっていました。

オスがガラクタの隙間に鼻を突っ込んだとき、その鼻面に生後2か月ほどの子ネコが果

夜間にパトロールをしていた父ネコ

敵にも飛びかかりました。オスがじっと見下ろしている前で、子ネコは背を丸くして毛を逆立て、興奮のあまりボールのようにピョンピョンと垂直跳びをします。小さな体をいっぱいにつかって、オスにむかって攻撃するようなそぶりを見せています。

すると、オスは「フン！」と鼻を鳴らして、物置の奥の方へと消えていきました。この間も、母ネコは横たわったままです。

このオスは子ネコたちの父親で、近くで他のオスネコが侵入してこないように見張っていたのでしょう。毎日、一日に数回の頻度で、母子を見回っては、子ネコたちの遊びにつきあっていたのです。

風来坊的に見られていたオスネコも、子育てにちゃんと参加するという事実は、そのうちにネコの新しい定説となることでしょう。

さて、件の路地では、動物学者の私が大いに驚いている一方で、路地にやってくるエサやりのおばさんが「あの黒いのが父親」と教えてくれました。おばさんは、家族5匹の生活ぶりを間近で目にしていて、ネコも人間と同じように家族で子育てするのは当たり前だと知っていたのでした。

茶トラを見たら○○と思え

たびたび、このネコたちを観察していましたが、あるときから3匹に減っていました。三毛っぽいメスは変わらずにいますが、茶トラの兄弟たちの姿が見えないのです。茶トラ兄弟はどこへ行ったのか……その行方はさておき、なぜ彼らが2匹ともオスだと推測できたかを先にお話しましょう。

茶トラはもともとオスが多く、これには遺伝学的な理由があります。国立遺伝学研究所のある研究を紹介しましょう。

１００匹のネコの色柄と性別を観察したとします。これを何回か調べて平均すると、必ず「茶トラのオスは28・1匹、茶トラのメスが7・9匹」という結果が出るのだといわれています。

この数字だけ見ても茶トラのオスがメスよりも多いことが明らかですが、それぞれの数字の関係性を計算してみましょう。オスは１００匹中28・1匹だから率にすると0・２８１、メスは0・０７９になります。この数字から、０・０７９の平方根＝０・２８１なる式が成り立ちます。

【茶トラメスの平方根】＝【茶トラオスの率】が成り立つとは、どういう意味でしょうか？

少し難しいですが、結論を述べるならば、集団遺伝学の考えから「茶色を発現する遺伝子が性別を決める染色体に乗っている証拠」である、ということになります。

遺伝学的な法則によると、茶トラに出会ったらそれは3倍以上の確率でオスである、といえます。路地の茶トラが兄弟だという現象には、遺伝学的な理由があったわけです。

消えたノラネコの行方は……

茶トラ兄弟や家族の行方を観察するには、路地でずっと張り込んでいるのが一番でしょうが、そういうわけにはいきません。下町の路地というものは、通る人はほとんど決まっていて、新顔はずいぶんと怪しまれます。

路地に足を踏み入れると、道中で人に出会わなくても、どこかで誰かから見られています。路地の住人は、台所で茶碗を洗っていても、窓のすき間から通る人を見ているのです。

路地の住人はご近所さんの顔はすべて知っているし、持ち回りで配達にやってくるクロネコヤマトの3〜4人の顔も、もちろん覚えています。郵便配達員だってだいたい決まっています。だから、顧客開拓のためにたまたまやってきたセールスマンや保険の勧誘の人たちなんて、「おや、見ない顔だな」と真っ先に怪しまれてじろじろ見られるものです。

そんな状況で、「ネ、ネコを追っていて……」なんて言い訳しても、肩身が狭くてたまりません。路地をやたらとうろうろするわけにはいかないのです。

苦肉の策で、路地の裏の裏からまわり込んで、家々の隙間に赤外線センサーカメラを仕掛けることにしました。ネコがカメラの前にくると、体温を感知して自動的に撮影されるというものです。このカメラ、ふだんは奥多摩や富士山麓での野生動物の調査に使っています。それを1台引き上げてきて、路地裏のまたその裏に仕掛けました。

もちろん不法侵入にならないよう、それぞれの家の主に声をかけます。家にいるのはたいていおじいさんか、あるいはおばあさん。ネコを調べていると言うと、ちょっと不審そうな目でこちらを見ますが、幸運にも「ダメ」とは言いませんでした。

ネコにとって路地が本通りなら、路地に面した家と家のあいだおよそ60㎝から1mくらいの隙間は裏通りです。ネコたちは連日パトロールをして、迷路のような裏通りの地理を熟知しており、移動にはおもに裏通りを使います。逃げまわったりするのに安全だからです。

野生動物とちがって、決まったテリトリーをもち、頻繁にパトロールを行うネコを撮影するのは簡単です。その日の夜中までにたくさん撮影され、路地に棲んでいるネコたちす

路地裏で見かけた茶トラの兄

べてを1日で撮ることができました。

そのなかに、例の茶トラ兄弟の姿がありました。彼らはいつも2匹で活動しており、ずいぶん仲がよいようです。ネコは相性がよいと、何をするにも一緒です。丸くなったり伸びきっていたり、同じようなスタイルで休んだり眠ったりします。

夏でも折り重なっていたりして、暑くないのか気になります。あるいは相棒のおしりに顔を突っ込んで……肛門付近には臭腺《しゅうせん》があり、ここから発せられる匂いで年齢や体調などの情報を読み取っているわけですが、さすがに臭くないのか心配になります。

動物は一般に好みの相手と同じポーズをと

仲よく2匹でパトロール中

りますが、これは異性同士の求愛時に見られる行動です。種類によっては、まるで鏡に写したように、同じに動くものもいます。優雅に舞うタンチョウや、ゆっくりと足踏みするアオアシカツオドリの求愛のダンスはよく知られています。

見知らぬ者同士が出会ってから、次第に親しくなっていくために、同じポーズをとったり、同じことをやると敵意がないと思うのでしょう。考えてみれば、人間にも通ずるところがあり、とくに子どものころは友だちや家族の真似をします。

毎日欠かさずパトロール

路地裏を列になって歩いてきた茶トラ兄弟ですが、カメラを見つけると先頭の個体が一瞬警戒しました。体が固まり、目と耳でカメラを調べます。

これは狩りでも見られる「フリーズ（凍りつき）」と呼ばれる行動で、動きを止めることで目立たなくなり、逃げるか攻撃するかの判断をしています。

カメラを見つけて警戒したものの、茶トラはさすがに都会のノラネコです。さまざまな機械や音、光などに対して経験豊かだから、カメラをすぐに人間が使う無害なものと判断したようでした。一瞬止まったもののすぐさま歩みを再開し、カメラの下を通り抜けてパトロールを続行します。そのまま2匹は路地裏へ消えていきました。

「ややっ、これは危険だ！」と判断して退散するとなると、ネコはまっしぐらに安全地帯に飛び込みます。自分のナワバリ内のすべてを記憶しており、どこを曲がれば何があるか記憶しているから、最短距離を駆けることができます。

異変をいち早く察知することが安全につながる、そんなこともあって、この路地裏も毎日パトロールしてチェックするのです。

6畳一間で人間と同居しているネコだって、隅から隅まで毎日パトロールしています。一目見れば前の日と何も変わっていないのに、なぜネコはパトロールするのだろうか？　と、ふしぎに思うこともあるでしょう。

いや、人間は毎日同じだと思っても、微妙にちがうものなのです。靴の脱ぎ方、スーパーのポリ袋の置き方、シャツの脱ぎ方、雑誌の置き方などなど、私たち人間はかなりいい加減に配置を変えています。ネコはそれを見逃しません。

見慣れないものには用心して近づき、匂いを嗅ぎ、触れて、知っているものなら安心し、初めてのものだと安全なものかどうか調べ、そして記憶します。

たとえば、新しいものをネコの手の届かない棚の上などに置かれると、ネコは落ち着きません。調べたくても調べられないから、イライラし、不安に思うのです。神経質なネコは、それを何とか飼い主にわかってもらおうとしますが、まったく人間はこのようなことに関しては無神経だから、ネコは非常手段に訴えます。オシッコや、ウンチです。「あんなにいい子だったうちのネコが、トイレ以外でこんなことするなんて！」と、びっくりした飼い主は、病気だろうかと慌てたり、原因不明の嫌がらせをネコから受けたかと思い込みます。

こんなふうに、ネコと人とではまったく意志がすれ違うことも少なくありません。この調子で一万年も一緒に暮らしているのだから、ネコにしてみればたまらないでしょう。

強すぎる警戒心は生き残る術

ネコに限らず、ライオンでもネズミでも多くの動物は、初めて見るものを警戒します。仮に、この茶トラ兄弟のようなノラネコを1匹、アライグマ用の罠で捕まえて、動物園のライオンの檻くらいの広さのところに入れて観察するとしましょう。

檻のなかには隠れ場となる巣箱などを入れておきます。罠ごと檻に運び込み、扉を開けてみると、ネコは喜び勇んで罠から飛び出すと思いきや、罠の中でじっとしています。

ビクついているのかな……いっこうに出てくる気配がないから、罠の扉からのぞくと、たちまち「シャーッ！」と怒りの洗礼を受けます。そりゃそうだ、たいそう怒っているのです。

怒りながらも、見知らぬ環境に怯えているのか、罠からは出てくる様子はありません。仕方がないので、静かにその場を離れて、物陰からそっと観察します。

ネコは罠の中で毛づくろいをして、気を落ち着かせようとしています。そしてときおり、鼻面を罠の扉からのぞかせて、外の空気を吸っています。自分が置かれている立場を、まずは鼻と耳で判断しようとしているのです。

いよいよ出てくるな、と期待するとスッと引っ込んでしまう。こんなことを繰り返して、出てくる気配すらなくなってきます。出てくればいいのに……と、こちらがじりじりと気をもむばかり。

こりゃ長期戦だわ、と座り直したところに、頭ひとつが扉から出てきました。さて、いよいよだ、と構えると、ネコはまだ警戒しているようです。

罠にかかったときは悔しがって大暴れしたくせに、いまや罠から離れるのがつらいといったそぶり。この変貌ぶりはなんなんだ、などと考えていると、ようやく、へっぴり腰で全身を現しました。

ゆっくりと慎重に檻の縁へ進み、檻の金網に沿って歩き始めます。これをネコは気が弱いからだとか、臆病だからだという人もいますが、そうではありません。世界最強のトラだって異常を察知すると警戒して動かないのです。

ある動物園でトラの力を測定しようとしたことがありました。放飼場に機器を設置し、いよいよ測定という段になって、寝部屋からトラを放飼場に出そうすると、トラは開けた扉から放飼場の様子をチラリと見ただけで引っ込んでしまいました。

実は、いったん警戒したらもうテコでも動かないのがトラの性分です。臆病な奴だとあざけってはいけません。警戒心の強さは、生きるうえで欠かせないものだからです。

さて、ようやくにして罠から出たネコは、ここでこちらが少しでも動こうものならギクッとして固まり、「フリーズ」し、10分以上固まっていることもあります。こちらも息を殺して静かにしていると、ネコはやがてゆっくりと歩きだしました。

室内をひとまわりするとネコは少し大胆になり、そのまま歩き続けます。次第に大胆に

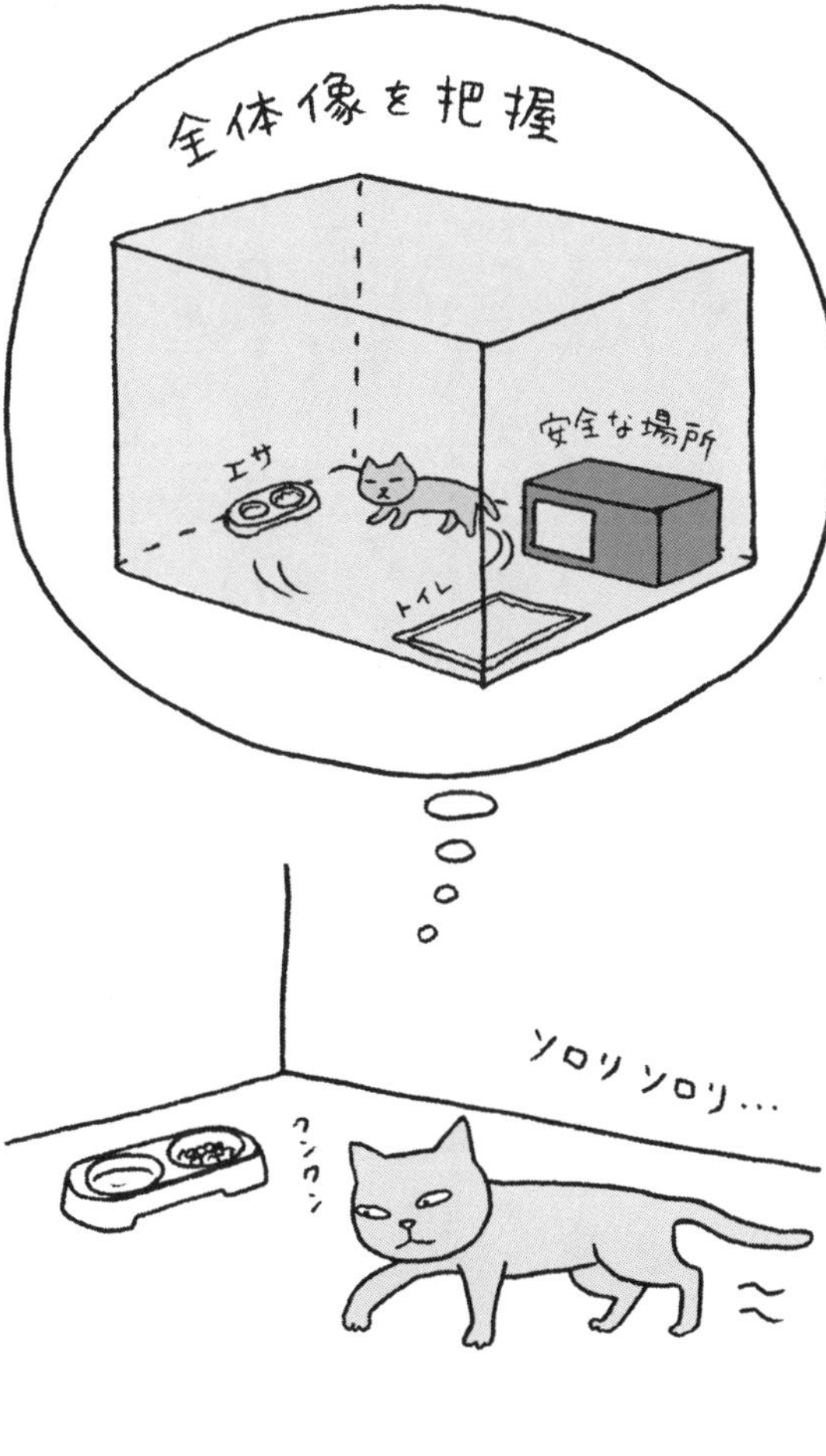
全体像を把握
安全な場所
エサ
トイレ
ソロリ ソロリ…
クンクン

なり、こちらが少し物音を立てても、もはやフリーズすることはありません。檻の金網から人間が入ってこないことを理解したようです。

ネコは歩きながらあたりを偵察しています。巣箱に入っても中でくつろぐわけでもなくすぐに出てきてしまうから、隠れ場を探しているわけではないようです。匂いを嗅ぎ、よく見て、音を聞き、情報を入手しています。

未知の檻に入ったネコは、新しい経験、初めての環境から大量の強烈な刺激を受け、逃げたり隠れたりする行動ではなく、ひたすら探索《たんさく》行動をとっているのです。ともかく、罠から出たときの用心深さは微塵もなく、図太さを感じるほど、堂々と歩きまわります。

ところが、翌日になってそっと檻の前に行き、観察を始めると、前日の堂々たる歩きは見せてくれません。どうかしたのか？　と、心配になるほど様子がちがいます。

巣箱の中をそっとのぞくと、中で丸まって眠っており……いや、ピクリと動く耳を見ると、起きているけれど動かないのでした。また活動を延々と待つことになり、ネコが動きだすのは薄暗くなってからです。

おっかなびっくり姿を現してはこちらの気配にフリーズしたり、一方では堂々と我が物顔でパトロールをしたり。あのときの姿はどこへ行ったのかとふしぎに思ってしまうほど、極端な二面性です。

ネコのなかでは、「あれは何だろう？　ここはどこだろう？」という気持ちと、「見知らぬ場所・物だ、身を隠せ！」という気持ちが天秤に載って、グラグラとせめぎ合っていたのでしょう。強い探索心と強い警戒心はネコの特徴的な気質であり、進化を重ねるうえで身につけた生存戦略でもあるのです。

新しい物が気になってしまう

檻のなかのネコの様子をもう少し紹介しましょう。巣箱の中で丸まっていたネコですが、周囲が薄暗くなってから、いきなり活動をはじめました。

巣箱から出るとゆったりと伸びをして、あたりの空気を嗅ぎ、足早に歩きはじめます。その姿はまるでヤマネコのようです。檻の隅に行って匂いを嗅いで点検し、それから水を飲み、フードの匂いを嗅ぎ、食べようか食べまいか思案している様子です。

こちらが急に動こうものなら、檻のどこにいようともネコは脱兎のごとく巣箱に飛び込みます。前日の堂々たる歩きはなく、すっかり用心深さを取り戻しています。

驚いて巣箱に入ってしまうと、もうなかなか出てきません。前日の歩きは、檻になれたからではなく、探索心が強かった証拠でしょう。

警戒して巣箱に飛び込む速さは目にも留まりません。このすばやさは、前日からの探索行動の成果です。ぐるぐるとまわっていたあの行動で、室内にある巣箱や水入れ、フード入れの位置関係を把握しており、檻の中の「地理・地形」をネコは記憶していたのでした。夜目が利くとはいえ、薄暗い室内でも反射的に巣箱に飛び込めるのは、記憶から成る感覚なのです。

1週間もすると、室内はすっかりネコの世界です。室内にあるあらゆる物とその配置を知り尽くしており、驚くようなすばやさで飛ぶように移動します。

そこへ、見慣れない新型の罠を置いてみます。すると、無視しているのかと思うほどに何事もないそぶりでネコは歩きまわります。

これは無視しているのではなく、室内を歩きながら、不審物を偵察しているのです。数十周もすると、ようやく新型の罠に近づくようになり、より詳細に観察し、最後には匂いを嗅いで、二度と近寄ることはありません。

最初に捕らえたときに比べるとネコの警戒心はぐんと高まっており、見た目が異なっていても二度と罠には入りません。臆病とも思えるほどの用心深さは知能の高さと相まってネコの性質をかたちづくっています。

新しい物への用心深さは、動物行動学では「ネオホビア（新しいもの恐怖症）」と呼ばれ、多くの動物がもっている性質です。

動物が新しいものへ接するとき、私たちには滑稽に思えるくらいに「臆病者」な行動をとることがあります。また、新しい罠にまったくかからなくて「頭がいい」と思うこともあるでしょう。動物の用心深さはネオホビアによるものであり、臆病なわけでも、賢いわけでもないのです。

たとえば、天井裏を駆けまわるクマネズミを退治してやろうとネズミ捕りや毒餌を置いてもさっぱりかからないなんてことがあると、ネズミに悩む人たちは「ネズミは頭がいい」

「知恵がある」と思います。しかしこれは、ネコが室内をぐるぐるとまわったり、新しいものを警戒するのと同じことが起こっているだけなのです。

ネズミは罠を「危険なもの」と認識しているから引っかからない、すなわち賢いというのは誤解です。試しにネズミ捕りそっくりな箱や無毒のエサを置いても、ネズミは近寄ってきません。このネオホビアによって、ネズミは台所や屋根裏などのふだん生活している場所に起こった小さな変化を避けることができます。

もちろん、完全な保守主義者というわけではありません。もしそうなら、新しい環境にも適応できず、絶滅しているはずです。

ならば、ネズミが慣れてしまえば捕獲できるのか？　と思うでしょうか。確かに1週間から10日以上経つと、置いてあるネズミ捕りや毒餌にネズミは次第に慣れていきます。オシッコをかけたりして自分の所有物と認めるようになるのです。

しかし、あいにく新しいもの恐怖症以外の用心深さももち合わせているから、ネズミ捕りや毒餌などになれたネズミも簡単には捕獲できません。彼らは、見慣れてきたが食べ慣れていないものを初めて食べるとき、わずかひと齧《かじ》りくらいしか食べません。

この習性は、毒入りのものを避ける仕組みとなっています。自然界にもキノコや腐った肉など有毒なものはたくさんあるから、このようなほんのひと口だけ食べるという習性を身につけた者だけが生き延びてきたのでしょう。

おかげで毒入りだったとしても下痢程度で済み、それからは二度と口にしません。この習性や記憶は母から子に伝わるから、ネズミは賢いといわれるのです。

そういえば、ネコ嫌いの人たちが門の脇とか植木鉢の近くなどに、水を入れたペットボトルを並べていたことがありました。私がときおり通る路地にも並べられていたことがあり、ずいぶんと流行っていたようです。

ペットボトルだけでなく光るＣＤ盤をぶら下げるなんてこともあったようですが、これとてネオホビアの実験のようなもので10日もすればネコはなれてしまいます。

危険物かどうかを瞬時に判断する推理力があるわけではなく、新しいものへ慎重に接して正しく判断し学習する力を、生き抜くうえで身につけているというわけです。この点では、動物たちは私たちが考えている以上に賢いといえるのかもしれません。

狩りに特化したネコの聴力・視力

例の茶トラ兄弟へ話を戻しましょう。2匹の茶トラが壁を伝い歩く1匹のヤモリを見つけた様子を、赤外線カメラが捉えていました。

ヤモリは全長10～12㎝、ツルツルの窓ガラスでも忍者のように平気で歩いていきます。私はこれがとてもかわいらしく見えます。これが窓ガラスに現れると、夏が来た！　と思うのです。

その足にはまるで吸盤がくっついているように思えますが、最近の研究により、分子同士がくっつこうという性質による付着力を利用しているとわかりました。

確かにヤモリの足指の裏側の電子顕微鏡写真を見ると、微細な毛が生えているような構造をしています。この毛の先端に「物にくっつく力」が生まれている、という仕組みです。

それはともかく、ヤモリは夜行性であり、日中は植木の幹とか葉の裏などに潜んでいます。ネコにとっては思う存分に狩りを楽しめる獲物です。

茶トラの1匹が、ヤモリの動きを見てスス―ッと近づいていきました。そのまま捕まえるかと思いきや、茶トラはその場にピタッと止まってしまいました。獲物が自分の手の届く距離にいるのかどうかを確かめているようです。

このとき、ネコの目はヤモリの姿を捉えているように見えますが、実ははっきりとは見えていません。ヤモリの体色は基本的に淡い灰茶色をしており、周囲の光の量によって濃くなったりさらに淡くなったりします。

一方のネコの色覚は、茶、赤、青、紫、黒、白がぼやっと見える程度です。ヤモリの体色も見えるはずですが、あいにく壁などの色に溶け込んでしまい見えにくいのです。そのうえ、ネコの目は非常に解像力が低いという欠点があります。したがって、ヤモリが動かない限り、ネコにはよく見えないのです。

狩りをする生き物がこんな瞳ではやっていけないのではないか、と思うでしょうか？ご安心ください。ネコの瞳は、「暗闇のなかで動く獲物を捉えること」に関しては、大変優れた代物です。

ネコの瞳のなか、その網膜にはタペータムと呼ばれる反射板があり、まるで、瞳の中にたくさんのミラーが張り巡らされているかのような構造をしています。ネコの目に光が飛び込むと、網膜に吸収されなかった光がタペータムによって跳ね返され、網膜にさらに刺激を与えます。すると、たとえ薄暗がりであっても、ネコの視力は非常によくなり、結果的には、人の目よりも6倍も明るい世界が見えているといいます。

さらに、ネコの動体視力は驚くほどよく、わずかな動きでも見逃しません。たとえば、テレビ画面に映る映像は、人間はなめらかな動画に見えますが、ネコからはコマ送りをするパラパラ漫画のように見えているといいます。

さて、動くヤモリを追った茶トラですが、ヤモリがピタリと止まると、姿を見失ってしまいました。「確か、何かいたんだけど、どこにいったのか……」と思っているのでしょうか。

こんなときでも、茶トラは焦らず息を殺して獲物の気配を探っています。一方のヤモリは、ネコの存在に気がついていません。昆虫や蛾といった彼自身の獲物を探して、再び動きはじめました。

ヤモリが動いたそのとき、茶トラの目は瞬時に照準を合わせ、前足を繰り出してヤモリを押さえました！　しかし、ヤモリの方がわずかに早く逃走し、茶トラの前足の下にはヤモリのしっぽしかありません。すると、ヤモリのしっぽはプツンと切れ、しっぽだけを残して本体は茂みに飛び込んでしまいました。

これは、自切《じせつ》という現象です。ヤモリの尾は外敵に強くつかまれたりすると、自切点と呼ばれる部分で切り離されます。しっぽは切れても10分くらいは子ヘビのようにクネクネと動いているから、外敵はそれに集中して「仕留めた！」と思い込みます。

逃げ延びた尾なしヤモリですが、生命さえあれば尾は再生します。1か月を過ぎると見かけだけはしっぽらしいものができてきます。内部の骨は再生しませんが、バランスをとるためだけなら問題のない長さにまで、「しっぽもどき」が復活するのです。

茶トラがしっぽに気をとられている隙に、ヤモリは茂みに逃げ込みました。ホッとしているヤモリは、動いて音でも出さない限りネコに見つかる心配はありません。

このとき、ヤモリが「バカなネコめ……」と油断してカサリと音を立てでもすると、茂みに隠れた本体めがけて、ネコはすかさず攻撃します。

ネコの耳は「20m先のネズミの足音を聞きつけ、6万ヘルツの高音を聞くことができる。

子ネコのいる母ネコは10万ヘルツの音も聞こえる」といわれるほどに高性能です。

さらに、ネコの耳は5度しか隔たっていない2つの音源を区別できます。これはどれほど優れているかというと、1m離れた茂みにいるヤモリが立てた音であっても、耳を頼りに飛びかかれば、誤差はわずか2㎝ということ。ヤモリの全長は10〜12㎝だから、ヤモリの体のどこかを押さえることができるのです。

ヤモリにとって幸運ならば自切するしっぽを押さえられ、不運ならば胴体か頭を獲らえられてしまうのでしょう。ちなみに、人の耳は1m離れた茂みから出ている音は10㎝あまりの誤差があります。ここぞとおぼしき所を押さえたとしても、獲物にはまず逃げられてしまいます。

狩りの上手さは母親の教育次第

ネコは生まれつき動くものを捕らえようとする本能（生得的行動）があります。だから子ネコは何にでもじゃれつくわけですが、この遊びは筋肉が鍛えられる一方で、狩りがう

子ネコのうちから狩りの練習をする

まくなるというものではありません。狩りの手順は、学習の要素が大変大きいのです。

　狩りの訓練は、子ネコがある程度自由活発に動けるようになったころからはじまります。まずはじめに、母ネコは半殺しにしたバッタ、トカゲ、小鳥、ネズミなどの獲物をくわえて子ネコのもとに運んできて、子ネコたちの前に置いてやります。

　すると、じゃれるのが大好きな子ネコたちは寄ってたかって獲物の動物に飛びついて、遊びはじめました。匂いを嗅いだり、前足でチョイチョイとパンチをしたり、実に楽しげに、興奮しながら遊びます。これは、「本能行動」です。

子ネコの遊びを見ていた母ネコですが、獲物をガブッと咬んで殺して見せました。すると、子ネコたちはびっくりして、動かなくなった獲物を調べまわります。

「なんだ!? 何が起きたんだ!?」と、子ネコは興味しんしんです。ヒゲで触れて獲物が動いていないことを確認し、小さな鼻を使って獲物の体温と匂いを探っています。

さっきまで動いていた獲物が今はピクリともしないという状況と、母ネコの行動を思い出して、その関係を探ります。「そうか、力を入れて咬むんだな」と思うのでしょう。

このように、「獲物を殺す」ということ、そしてその手段を、子ネコは母ネコの手ずから学んでいきます。獲物にとどめをさすのは、「学習行動」なのです。

「獲物を殺す」を子ネコが学んだところで、母ネコはその獲物を食べてみせます。ときには子ネコにも食べさせて、子ネコは獲物を食べること、味などを経験します。

こうして獲物は遊び相手ではなく、「咬んで殺して食べる」という生活に必要不可欠なものだということを学んでいくのです。

子ネコは遊びのなかで相手を強く咬むことがありますが、こんなときは母ネコから制裁を受けます。咬みつかれるのです。「いてて……そうか、この強さで咬んではいけないんだな」と、ネコ付き合いを矯正《きょうせい》していきます。

こうして牙の使い方、やっていいことと悪いことのメリハリを学ぶわけですが、狩りの学習はまだ続きます。獲物の殺し方をマスターしたとみると、母ネコは狩りに連れ出していきます。ようやく本番です。

母ネコはしっぽをピンと立てて先頭を行きます。子ネコたちもそれにならってしっぽを立てて後に続きます。練習だとはつゆとも思っていない子ネコたちは、遊び気分ではしゃぎまわっています。

草はらに小鳥やバッタなどの獲物を見つけると、母ネコは体を低くして這《は》いつくばった姿勢で忍び寄ります。相手が見てないと思えば何歩か急速に、相手が見たと察知すればフリーズする、まるで「だるまさんが転んだ」のように歩を進めます。

草やぶや木立、柱などを利用してツツ、ツツツーと近寄り、獲物まで数メートルという、一気に飛びつくことのできる距離まで身を寄せると、慎重に狙いを定めました。ここが肝心で、体はまったく凍りついたかのように動かなくなります。

一方で、後方へまっすぐ伸ばしたしっぽの先端はピクピクと動いています。「このままうずくまってチャンスを待たねば」という慎重な気持ちと、「もう待てない！　今すぐ突進したい」という衝動的な気持ちで葛藤が生じて、しっぽにその気持ちがあらわれています。いわば、ネコの貧乏ゆすりです。

葛藤の末、母ネコは「すきありー！」とばかりにダッシュして獲物を押さえると同時に咬みついて殺し、食べる……というのが理想的な狩りなのですが、子ネコは初めからよい生徒としてその様子を見ているわけではありません。

まず、子ネコたちは身を低くした母ネコを見て「今日はここで遊ぶのか！」と誤解します。しっぽの先が動いていると、ついついそれにじゃれつきます。それでも母ネコが狩りに没頭していると、いつもとちがう母ネコの様子に、子ネコもじきに真剣に、見よう見まねで狩りに挑戦します。

ここまでくると、あとは子ネコたちの努力次第です。子ネコたちは失敗に失敗を重ねて、獲物の種類と接近の仕方、捕まえ方などを自分で学んで成長していきます。練習をサボれば、腹を満たせず、独立してもじきに餓死することになってしまう……ネコの世界は厳しいのです。

あるとき、茶トラ兄弟が通った路地の上で、ずたずたに引き裂かれたヤモリを見つけました。茶トラたちは母ネコと一緒に育ってきたはずですが、ヤモリの狩りを学んでいなかったようです。無残な死体となったヤモリの姿は、茶トラたちが獲物を食べずに弄んだだけだった、ということを意味しています。

これは、茶トラたちが悪い生徒だったわけではありません。母ネコが狩りの教育を施そうにも、獲物がいなかったのでしょう。冬の初めに生まれれば、狩りの訓練を受ける社会化期の生後3～5か月のころにはまだヤモリはいません。

初めて出会ったふしぎな生き物が、「咬んで殺して食べる」ことができる獲物だったとは、茶トラたちはつゆほども思わなかったのです。

ネコの世界の「おふくろの味」

出会った生き物が「咬んで殺して食べる」獲物なのか、それともただのオモチャなのか、こうした判断も、狩りの訓練や日々の生活を通じて、子ネコは母ネコから学びます。

母ネコから狩りの訓練を受けるあいだに、子ネコは獲物の味を本格的に経験していきます。母親が食べるものが子ネコにとっての「食べ物」で、あとは「食べ物ではない（かもしれない）」、という認識を強めていきます。

外敵や危険物が多い屋外では、初物に挑戦してばかりだと、いずれ中毒など危険な目に遭うでしょう。それでも、母ネコが食べるものを食べていれば、少なくとも母ネコの年齢までは無事に生きる可能性が高くなります。

そのため、子ネコの食生活は、母ネコと過ごしていた時代が大きく影響します。いわば「おふくろの味」が刷り込まれるようにして、好みの味が決まるのです。

ときどき「うちのネコはお新香が大好き」とか「野菜サラダが大好き」という話を聞き

ますが、これは母ネコ代わりの飼い主が子ネコ時代に刷り込んだに過ぎません。

ネコの胃腸はそもそも植物質を分解するようにはできていないから、野菜を消化することができず、健康によくないのです。

植物質を消化するには、胃腸に大量のバクテリアが存在する必要があります。ウシ類は胃に何兆というバクテリアが棲んでおり、ウマ類は長大な盲腸にバクテリアが棲み、植物質を消化するべく働いています。

一方のネコはどうかといえば、盲腸は存在しますが、たいして働いていません。フードも、イヌよりもよりネコの方が高タンパク質なものとなっています。

最近、アメリカでベジタリアン（菜食主義者）がネコにも菜食を強要するのは虐待だ、という報道がありました。確かに、消化できないものを食べさせることはよくないし、おそらく寿命も短くなる恐れが高いでしょう。

ならば、猫が好んで食べるという「猫草」（イネ科の植物・エンバク）はネコの健康を害するでしょうか？　あまりに大量に摂るならば少し警戒すべきでしょうが、多くのネコは少しの猫草しか口にせず、主食とするにはほど遠いようです。

なぜネコが「猫草」を食べるのかというのには、さまざまな仮説がありますが、おそらく整腸剤として薬代わりに摂っているのだと考えられています。動物を捕食する野生ネコもまれに草を食べることがありますが、やはりイネ科の草が愛用されています。

意外と寛容なナワバリ事情

茶トラ兄弟はずいぶん仲がよいようで、いつも2匹でパトロールしていました。2匹でつるんでいると、道中で嫌なネコに出会ったとしても、まず負けることはありません。歩く姿は堂々たるもので、出会うネコはどいつもこいつもそうそうに姿を隠していました。

パトロールの様子がわかるほど、茶トラ兄弟はあちこちの赤外線カメラに映っていたというわけですが、なぜ彼らはここまでしょっちゅう歩き回っているのでしょうか？

ネコを含む肉食獣は、獲物を確保するためのナワバリ意識をもっています。何者かに自分のナワバリを荒らされることがないように、頻繁にパトロールしつつ、「ご近所の顔ぶれ」を確認しているわけです。

ここで、ネコにとっての「土地の利用法」について整理しておきましょう。大きく3つのカテゴリーに分けることができます。

まず、第一が「ハイムテリトリー」です。ネコが体を休める場であり、飼いネコであれば飼い主の家を中心とした一定の地域を指します。

休息や日光浴、あるいは毛づくろいをするときのための、とくに好みの地点が確保されているのが一般的で、ふつう他のネコの侵入は許されない占有地です。

その広さは、ネコならば0・3〜0・5㎢、ヨーロッパヤマネコで0・6〜1㎢、ヒョウで25〜75㎢、チーターで50〜220㎢、ライオンで50〜250㎢となります。

アパートの1室に棲んでいる場合には、テリトリーはケージだけ、あるいは部屋の一コーナーだけということになります。一方で、戸外へ自由に出られるネコならば、飼い主の家とその庭全域程度の土地がこれに相当します。

第二のカテゴリーは、ハイムテリトリーを中心に直径数百mの範囲を指す「ホームレンジ（＝ハンティングエリア・行動圏）」です。ハイムテリトリーから網目状に通路が伸びており、狩りや食事の場、そしてあとでふれる集会の場などを結んでいます。狩りの場は、林の縁や田畑など、ネズミや小鳥、トカゲなどを見つけやすい場所です。

ホームレンジは、他のネコたちとの共有地になっています。そのため、近くに棲むネコのエリアと、かなりの面積が重なっています。

しかし、共有地とはいっても、誰でも自由に入れるわけではありません。パトロール中に共有地で出会ったネコ同士が知り合いならば挨拶を交わし、初対面ならばケンカをして排撃されることだってあります。

第三のカテゴリーは、ホームレンジをとりまく一帯です。ふだんネコはこの地域にまで足を踏み入れることはありません。けれども、ここは彼らにとって世界の果てだというわけでもありません。ネコはこの第三の地域一帯のイメージを、ふだんから耳で聞いてかなり詳細につくりあげていると考えられます。

発信器付きの首輪をネコに装着した調査では、ふだんはホームレンジにいるネコも、突如、10㎞以上も移動し、帰ってくることが知られています。

そこにある工場や学校など絶えず音を立てているものの位置と方向を耳で捕えて、自分のハンティングエリアを中心に、それらの地域のイメージを脳の中につくりあげているのでしょう。そして、ときどき出かけていっては、頭の中の地図を確かめているのかもしれません。

自動車道路や河川、そして風のあたる大木なども、ネコにとってはパトロールの目印に使われます。この第三のエリアは、たとえば交尾期になって、オスがホームレンジをはなれて放浪する際などに役立てられています。道に迷って、「迷子の子ネコ」になるようなことは、彼らは決してしないのです。

オシッコには情報たっぷり

ナワバリを守るためには、ぐるぐるとパトロールしているだけというわけにはいきません。パトロールの最中にホームレンジ境界のあちこちで匂いを嗅いでは、尿の「スプレー」をしてマーキングを行います。

パトロールの最中、ネコは茂みにお尻を向けると、しっぽを立てて、後上方にオシッコを霧状にして飛ばします。これがスプレーと呼ばれている行動です。

ふつうのオシッコの場合はうずくまった姿勢で少し腰を落として排泄し、ペニスはやや前方を向いています。一方、スプレーのときにはペニスを後上方へ向けることができ、態勢や飛距離がまったく異なっています。

茂みに向かって後上方というのは、性フェロモン（性行動を引き起こす匂い物質）入りの液体を下から吹き上げるようにして噴射しており、こうすることで低木の木の葉の裏に匂い物質が付着します。

葉の裏は雨に流されにくく、尿は少し脂っぽいから、匂いはなかなか落ちません。いや、落ちては困るのです。自分とテリトリーをアピールしているのだから、簡単に落ちてしまったら、頻繁にパトロールしてマーキングをしなくてはなりません。

ノラネコたちは4、5日に1回くらいナワバリをまわってスプレーしたポイントをチェックし、匂いが薄ければ上書きします。

隣のテリトリーを支配するネコは、そのポイントの匂いが薄まってくると、「おや？　守りが薄いな……ちょっと冒険して侵入してみようか」と思うようです。

主が不在になり匂いがほとんどなくなると、たちまちテリトリーは隣のネコに乗っ取られてしまいます。その場所が安全で食べ物が豊富な場合は、ナワバリを増やして居座るというより、移住してきてしまうのです。

ネコたちは常によい場所を狙って目を光らせるのではなく、鼻を利かせているわけです。

このスプレー行為、とくにオスのそれは愛猫家にとっては悩みの種です。どうやって消臭するか、スプレーをさせないか……試しにネットで「ネコ、スプレー、消臭」と打ち込んで検索すると、実に2670万件もの対策法などが引っかかりました。いかにスプレー対策が商売になるかを示しています。

2006年、ある研究によりこの悩みを解決する糸口が見つかりました。理化学研究所と岩手大学などのグループは、健康なネコの尿には他のほ乳類よりも多くのタンパク質が含まれている点に目をつけ研究しました。

研究結果によると、健康なネコの尿にはアミノ酸の一種「フェリニン」と、「コーキシン」と呼ばれるタンパク質が含まれており、「コーキシン」が触媒となって、匂いのもととなる「フェリニン」を作り出しているといわれています。

また、これらの物質は、ネコの性フェロモンと関係があると考えられており、とくに匂いが強いとされる成熟したオスのオシッコには、メスや去勢したオスの約4倍のコーキシンとフェリニンが含まれていました。

コーキシンとは、Carboxylesterase like urinary excreted proteinの略語ですが、日本語の「好奇心」という言葉に由来しています。新しい物に対してチェックを怠らないネコの気質から名づけられたのだそうです。

ネコの尿には純粋な老廃物のほかに、こうした匂い物質や、性フェロモンなどが含まれています。ネコはこうした匂いの情報を読み取って、そこに自分のオシッコを排泄し、自分の存在をアピールします。

匂いから感知するといえば、警察犬などを見るとイヌの得意分野のように思えます。一般的に、ネコの鼻が利くとは思われていないようです。

イヌの嗅覚は人間の100万倍もあり、肉などに含まれる脂肪酸の匂いに対しては人間の1億倍も利くといわれています。確かに、この数字に比べるとネコの嗅覚は劣るところがありますが、人間の鼻よりはずいぶんと高性能です。

ならばなぜ、ネコは鼻がいいというイメージがないかというと、ネコの性格では嗅覚をつかった訓練をすることができないからでしょう。

ある倍数に薄めた匂いを感知したときに鳴き声をあげてもらう、という実験をするとします。イヌならば、喜んで「ワン！」と吠えてくれるところですが、ネコは我関せずという態度で返事をしてくれやしません。匂いを感じているのかどうか判定できないのです。

そんなわけで、わかっている数値で比較するしかありません。匂いを感じる嗅細胞が並んだ粘膜である嗅上皮《きゅうじょうひ》の面積と、嗅細胞の数だけで、単純に比較してみましょう。細胞の性能、鼻腔の構造などは無視しての話だから、あくまでも参考程度という話です。

イヌ　嗅上皮の面積（㎠）：200　嗅細胞の数（個）：2億
ネコ　嗅上皮の面積（㎠）：40　嗅細胞の数（個）：6500万
ヒト　嗅上皮の面積（㎠）：4　嗅細胞の数（個）：500万

この数字を見ただけでも、ネコの鼻が意外にも優秀であることがわかります。

仮に、イヌは人間の１００万倍鼻が利くとしましょう。嗅上皮の面積から判断すると、ネコは人間の約20万倍、嗅細胞の数ではネコは人間の30万倍の数値をもっています。イヌほどではないにしろ、人間の20万~30万倍鼻が利くと考えられるのです。

こんなにも優れた嗅覚をもっているからこそ、ネコは匂いで情報を読み取ったり、自分をアピールできるわけです。

ちなみに、クンクンと嗅いでいたネコが突然おかしな表情をすることがあります。顔をやや上向き加減にして、鼻筋にしわを寄せ、歯をむき出し、人間でいう笑顔のような表情です。脱いだ革靴なんかを嗅いだ後にこれをやられると、「そんなに臭かったかな……」なんて切なくなるものです。

これは「フレーメン」と呼ばれる反応で、とくに異性の尿の匂いを嗅いだときに典型的に見られます。また、嗅ぎ慣れない匂いに対してもフレーメンが起こることもあります。

なぜこんな顔をするのかというと、強く興味をもった匂いを良く嗅ごうとしているからだと考えられています。門歯（前歯）の後ろ側に開いている孔《あな》に送り込み、その奥にあるヤコブソン器官で匂いを感じているのです（この器官は人間では消失したとされており、ネコやウマなどでは特別な匂いを感じるために存在しています）。

異性の尿の匂いだけでなく、脱ぎ捨てた飼い主の靴下の匂いを嗅いでフレーメンを見せるネコもいます。おそらく靴下の匂いには、ネコの興味をひく特別な匂い物質が含まれているのでしょう。

表情・姿勢でわかるネコの気持ち

ネコたちは、ナワバリを守り、ときには広げながらも、近隣のネコとの「共有地」をもっています。この習性から、ネコは単独生活を送っているようでいて、実は共同体をつくっているとわかります。共同体の仲間はもちろん、ホームレンジをお互いに使用しあうことを認めているご近所のネコたちです。

ご近所付き合いをするならば、相手とのコミュニケーションを図り、友好な関係を結ばなくてはなりません。独りきりで自由気ままな存在に思われがちなネコですが、実は、姿

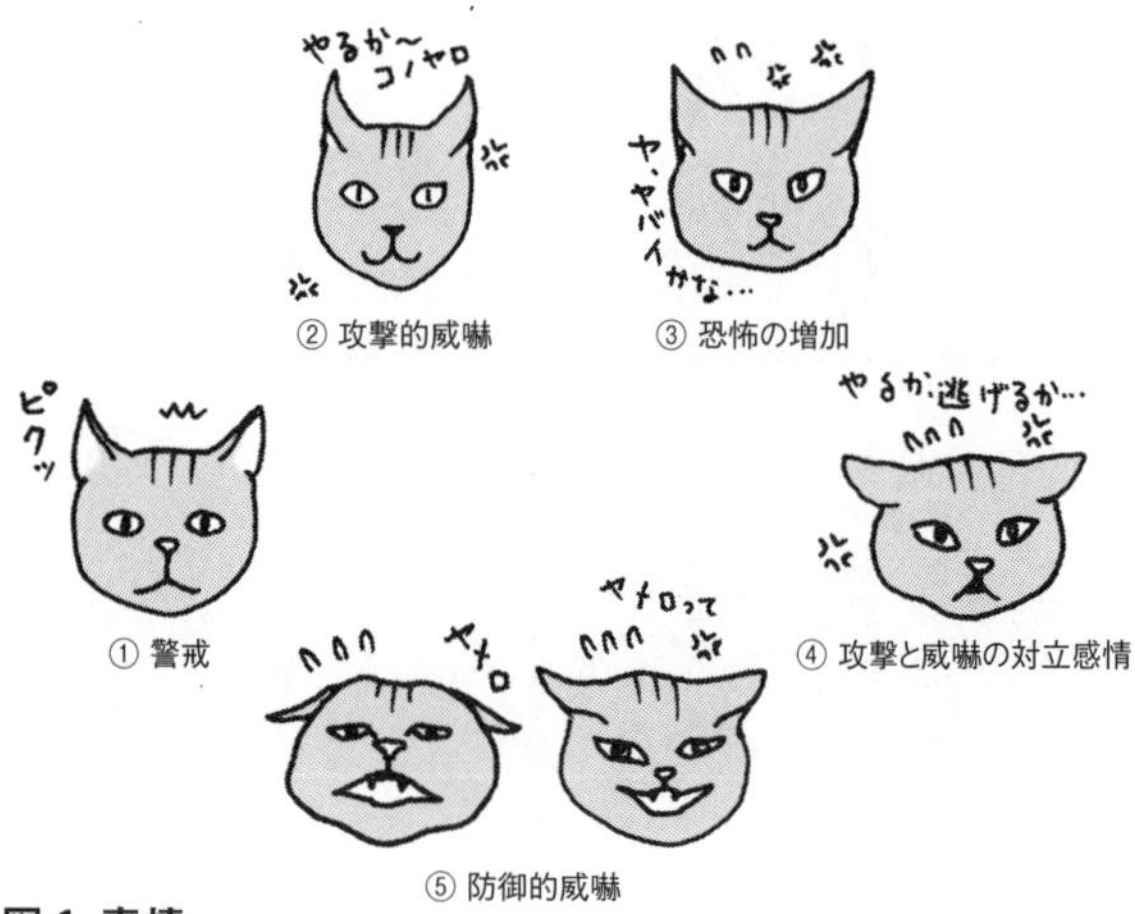

図1 表情

勢・表情・声などで巧みに自分の気持ちを表している、表現力豊かな生き物です。

たとえば、ホームレンジに未知の敵がやってきたとき、表情は図1・②の「攻撃的威嚇」、姿勢は図2・右上の腰を上げた「強い威嚇」のポーズをとります。

この表情・姿勢は、共同体をつくる互いによく知り合ったネコ同士のあいだではほとんど使われません。ふらりとやってきたノライヌから子ネコを守る母ネコや、無邪気な子どもによって逃げ場のない狭い場所に追いつめられたネコなどが、やむをえずとる姿勢です。

顔見知りのネコ同士だったらどうでしょう

図 2 姿勢

か。たとえば、1匹のネコが空き地をパトロール中にご近所のネコと出会ったとします。「このまま進むと、アイツとはちあわせしちゃうな……」と両者が察すると、2匹とも立ち止まり、しばらくのあいだ座りこみます。人間からは、お互いが知らんぷりをしているように見えますが、実はチラチラと観察しあっています。

このとき、両者の視線が合うことはありません。ネコの社会では、見続けることは相手の敵意を煽ることになるからです。なんでもないそぶりをみせながら、視線をやっては、外しています。

すると、1匹がそっぽを向いているあいだに、もう1匹が慎重に歩きだしました。視線は合わせないまま歩を進め、脇を通り、すれ違ったとたん、走り去ってしまいました。

これで、ご近所さん同士の正しい挨拶のやり方は終了です。こうした「ネコ付き合い」のいろはは、母ネコから子ネコへと受け継がれます。狩りと同様に、子ネコは母ネコのパトロールに同行し、ご近所さんと接する方法を見て学びます。

たまの集会でご近所付き合い

たびたびパトロールをしているとはいえ、単独性のネコがどのようにして隣に棲むネコのことを知るのでしょうか。その謎は、彼らの社会にある「集会」と呼ばれる特異な行動をみると理解できます。

集会は、共同体のネコたちのホームレンジが重なりあう場所、つまり共有地のひと隅に設けられた集会所で行われます。人間でいう「寄り合い」の制度に似ており、夜の神社や庭の片隅、駐車場、空き地などにネコが集まり、なんということもなく座っているのです。

夜になると、共有地のメンバーのネコたちが、オス・メスの区別なく集まってきます。ネコたちの多くは、数メートルの間隔をあけて離れて座っていますが、なかには体をつけあっているものや、茶トラ兄弟のように互いに毛づくろいしあっているものもいました。

体をつけあったり、毛づくろいしたりするのは、ふつうは親子や幼い兄弟姉妹、あるいは交尾期のオス・メスのあいだでなければ見られない、親密な行動です。

集会の最中、ネコたちの声はほとんど聞こえません。ときどき、気の弱いネコが隣のネコに近寄られすぎて、小さな唸り声を発するくらいです。表情も友好的で、耳が伏せられるようなことはほとんどありません。

こうして静かで穏やかな寄り合いは夜半まで続けられ、そして三々五々、闇に消えていきます。その日の集会はそれで終わりです。

こうしてみると、ネコは二種類の付き合い方を知っているようです。ふだん、ネコたちは比較的淡白で、人間から見ればむしろ互いに避けあっているように見えます。その一方で、時間や場所を決めて集会をもち親交を深めるという一面があります。

おそらく、集会を通じて、互いにホームレンジを同じくする仲間たちの連帯を絶えず強化しておくことは、ネコの地域社会を安定に保つうえで、どうしても必要なのでしょう。見知らぬネコが次々に入ってきては落ち着かないし、限りある土地の食物が枯渇してしまうからです。

集会では、相手に対し敵意がないことを伝えなくてはなりません。そんなとき、前述した表情や姿勢が大いに役立ちます。微妙な心情を表す豊かな表現力が、ネコの社会性を支えているのです。

こんなにもコミュニケーション上手なのだから、ネコ同士で仲よくなることもきっと可能でしょう。しかし、獲物にそっと忍び寄り、タイミングを計って捕獲する狩猟を行うネコは、原則としてふだんは分散していなければなりません。ネコの存在感が大きくなれば、その地域に棲む獲物を不必要に脅してしまい、より警戒させてしまうこともあるでしょう。あるいは、同じ獲物を狙って逃がすという愚をおかしかねません。

そのためには、顔見知りでありながらも、ふだんは互いに避けあうという付き合いの仕方を守らねばなりません。ネコたちは、単独生活者・群れ生活者だと単純に言いきれない独自のタイプの社会組織をもっているのです。

うるさくても許して♡ネコの恋

初夏に生まれた茶トラも、冬に入り初めての発情期を迎えました。イエネコの場合、生後8か月を過ぎるともう発情期を迎える大人です。体の大きさは大人ネコに比べてやや小ぶりな程度で、かわいらしさは残っていても、見た目はほとんど変わりません。

大人になったとはいえ、彼らも初めてでは何が起こっているのかわからないでしょう。本能に任せてなんとなく放浪していくと、やたら気が立ったオスに追い払われ、どこに行けばよいのか途方に暮れるはずです。

発情期は、それまでは静かだったネコの社会が大きくゆれ動く季節です。あたりには、何と表現したらいいのかと悩むほど、奇妙なネコの声が聞こえてきます。

絶えず転調される、長く長く続く鳴き声です。その鳴き声に混ざって人間の「うるさい！」なんて怒号がどこからか聞こえてくるのも毎度お決まりのこと。

この鳴き声を恋の歌と思っては少々早とちりです。この時期の鳴き声は、実際はオス同士のいつわりの恋の歌……牽制《けんせい》のし合いであって、オスとメスが互いに呼びあうのはもう少しあとになります。

この時期には、牽制の果てにオス同士が取っ組み合いとなり、目や耳に大怪我をすることもあります。ある朝、外を自由に出入りできるオスの飼いネコが血だらけの泥だらけになって帰ってきたならば、おそらく男の闘いに敗れたのでしょう。

ネコが1年のうちのいつ発情するかは、1日の日の長さによって決まります。実験では、秋に1日12時間光があたる環境のなかにネコを置くと、発情が1〜2か月早まったといわれています。

ならば、光のあたる時間が長ければ早く発情するのかというとそうではありません。毎日少しずつ日が長くなる、つまり光のあたる時間が増大していくこともまた重要なポイントです。

まず、1日あたりの光のあたる時間を次第に減らしていき、次に少しずつ増やしていくと、1年のどの季節でもネコを発情させることができるといいます。

「光のあたる時間を次第に減らしていき、次に少しずつ増やしていく」というのは秋から冬になり、春が来るということを示しています。このとき、脳にある脳下垂体が日長の変化を刺激として捉えます。

脳下垂体は受けた刺激によってのホルモンを分泌し、他の内分泌器官のホルモン分泌量に影響を与える、すべての分泌系の支配者にあたる部位です。脳下垂体が日長の変化を刺激として受けとると、生殖腺刺激ホルモンが分泌され、これが生殖腺に作用して性ホルモンを分泌する腺組織と生殖細胞の成長を促し、発情状態にいたります。

発情状態かどうかは体外からも一目瞭然で、オスでもメスでも奇妙な声で鳴きながら歩きまわります。ホルモンのせいで鳴きながら歩きたくなるのでしょう。

ホルモンの影響は尿にも表れます。メスネコの尿の匂いが変化するため、オスネコはメスネコの発情が始まる数日前からすでにそれに気づいています。また、ネコのおとがい（下顎の先端部）には、匂いを分泌する臭腺があり、発情が近づいたメスや発情中のメスは、おとがいをさまざまなものにこすりつけます。匂いに誘われたオスたちがメスのテリトリーに集まってきて、いよいよ求愛が始まります。

とはいえ、オスとメスの発情には時間差があるので、メスはまだ完全な発情に入っていません。メスの体内では発情に向けた変化が少しずつ起こっていますが、外からはなんの関心も示していないように見えます。そうすると、集まってきてしまったオスたちのあいだで、いつわりの恋の歌が、歌い続けられるというわけです。

そうこうするうちに、メスの発情が始まります。メスの発情はゆるやかな上り坂です。はじめのうちは、オスの求愛に関心を示すものの、オスが近づきすぎたりするとフーッと声をあげて、前足でオスにパンチをかまして、逃げ去ってしまいます。

　時間が経つと、メスの逃避は次第に消極的かつ、のろのろしたものとなります。オスがあまり離れてしまうと、じっと一か所に座りこみ、地面を転げまわったり、あるいはあちこちをきょろきょろ眺めて、オスの気をひこうとするのです。

　するとオスは同じようにうずくまり、低いゴロゴロ声を発してメスに応えます。こうして、このような交尾の準備期間は数日以上にもわたって続けられます。

　オスはあちこち放浪するのに対して、メスは歩きまわらずに声でオスを呼ぶため、オスとメスの声のやりとりは非常に頻繁に行われます。発情したメスは一音節の澄んだ声でオスを呼び、引き寄せられたオスがメスの棲み家へやってくると、オスは一～二音節からなる頻繁に転調される鳴声をあげてメスを呼びます。なかでも、とくにシャムネコのメスがよく声をあげる傾向があるといわれています。

　実は、メスの匂いだけで誘引効果は十分にあるため、呼び寄せる声がなくても用は済むともいわれていますが……まあ、恋の歌も季節行事のひとつと思えば風流でしょうか。

メスを探すためにオスは旅に出る

発情のピークである交尾期に入ると、オスネコたちは自分のホームレンジを離れて、ほうぼうへ遠征に出かけます。その先々でオスは未知のオスに出会います。出会った相手の方だって、自分の土地を離れて遠征中です。つまり、2匹は互いに自分の領土外の中立地帯で、相対してしまったのです。

こうなると、地の利を得ている一方がはじめから優位に立つことはありません。2匹のオスは長時間にわたって、互いに威嚇しあい、闘いはかなりいいところまで進展します。そこにメスが介在すれば、オスの気合いもことさら、さらに闘いが長びくことは間違いありません。

両者睨み合いの果てに、一方のオスが攻勢に出ました。四肢を立て、体を伸ばし、頭をやや持ち上げ加減にすると、相手にゆっくりと歩み寄ります。あの奇妙な長い鳴き声を発しながら、一歩ずつ、じりじりと進んでいきます。

その耳は内側を横に向けてまっすぐに立てられており、相手には耳の背面までよく見えるほどです。表情は、図1・②の「攻撃的威嚇」の相貌です。

一歩、あるいは二、三歩進んでいきます。進むごとに頭を左から右、右から左へと振りますが、目は相手の顔にじっと注いだままです。

相手に接近すればするほど、一歩の歩幅は狭まり、一歩ごとの休止時間は長くなります。尾の先は急激に動かされて、あちこちへと振れています。相手のオスも、これを鏡に映したように、まったく同じ行動を繰り返していました。

そしてついに、両オスが、互いの体を接するようにしながら、すれ違ったかと思った瞬間！　両者ともいきなり腰を下げて攻撃の構えに入り、相手の首めがけて飛びかかりました。2匹のオスは互いに相手の首に咬みつこうとします。

金切り声をあげながら、お互いに引っ掻きあいます。やがて一方（多くの場合、先に相手に飛びかかった方）が、後方へ飛び戻ってクリンチは解消されます。そして再び、両オスは四肢を伸ばすと、すべての行程を繰り返し始めるのです。

勝負は、一方が後方へ飛び去り、攻撃姿勢をとっても、残されたネコが動かず、うずくまったときに決します。やがて勝利者は攻撃姿勢を解くと、相手から視線をはずし、あたりの匂いを嗅ぎはじめました。いわゆる、転位行動です。本来相手に向けるべきエネルギーの吐け口として、匂いを嗅ぎまわっているようです。

敗者はうずくまったまま、相手が十分離れたのを見きわめると、別の方向へこっそりと逃げていきます。勝利者はそれを追うようなことをしません。

さあ、いよいよ勝利者がメスに対して求愛行動を行います。求愛行動では、一定のパ

ターンをとって、さまざまな動きが展開されるのが原則です。この際に、1〜2音節からなる真の恋の歌が歌われるのです。オスネコ間の闘争の鳴声に似て、頻繁に転調されるのが、その特徴です。

求愛が続くうちに、メスネコの警戒は次第に消えていきます。そしてついに、オスは不意をつくようにして、メスの頸すじを捕えます。

オスがメスの首を咬むという行為はネコ類のすべてに見られる特徴です。獲物を殺すとどめの一撃と同じですが、もちろんこちらは抑制が効いてやわらかい咬み方をします。

メスの首を咬む行動は、ライオン、トラ、

ヒョウなどのネコ類では、ネコの場合のようにメスの体をしっかり捕まえるという目的ではほとんど使われません。わずかに交尾のクライマックスで用いられるという、洗練された形式をとります。同じネコ類といえども、この交尾にはさまざまなちがいがあるということでしょう。

さて、頸すじを咬まれたメスネコは地面に押さえ込まれます。ですが、メスがまだ交尾を望んでいない場合には身をよじってそれを逃れ、「何すんのよ！」というがごとく、オスにパンチを打ちつけます。

そうでなければ、メスは頭をすくめて後あしのかかとをまっすぐに立て、腰をあげて交尾姿勢をとります。オスはマウントし、やっと交尾が行われます。

交尾が終わると、オスは突然後方に飛び去ります。メスはオスに対してすばやく後ろを向くと、フーッと声をあげながら前足でオスに打ちかかることが多いからです。

オスはメスの攻撃に対して防御姿勢をとらず、かといって逃げもせずに、なんとも決断がつかないといった様子で無器用に身をかわそうとします。

やがて、両者は互いにそっぽを向きながら、自分の生殖器をなめはじめます。それが終わるとメスは繰り返し地面を転げまわり、おとがいを地表にこすりつけはじめます。こうして、わずか数分後には再び交尾が繰り返されるのです。

せわしなく、ぐったりと疲れそうだと思うでしょうか。驚くべきことに、経験をつんだオス・メスのあいだでは1時間に10回程度の交尾が行われます。

一方で、若いオスなどはケンカで傷を負ったり、メスにパンチを打たれたりと散々な目に遭います。これも大人への通過儀礼のひとつというわけです。

ネコの交尾は謎だらけ

ネコ科の動物は、食肉類のなかでも1回の発情期間で行われる交尾の回数が非常に多いといわれています。

たとえば、東アフリカはセレンゲティ平原に棲息するライオンは、オスの成獣2〜4頭、メスの成獣5〜6頭、そのほか子どもなどを含めて15頭くらいのプライドと呼ばれる群れで生活しています。

ふだん、このプライドは4つくらいのグループに分かれていますが、メスが発情すると気の合ったオスとペアになり、群れを離れます。新婚旅行に出かけるようなものです。頭や頬をこすり合わせる愛情表現をしてイチャイチャと過ごし、3〜4日は帰ってきません。ある観察によれば、5時間のうちに157回もの交尾が行われたといいます。

この回数の多さは、ネコ類が「交尾排卵型」のほ乳類であることがひとつ理由として挙げられます。交尾の刺激が排卵を引き起こすという習性で、ウサギ類やイタチ類も同様です。

ネコを観察していると、オスはほんの数秒間しか交尾を行いません。射精が終わり、生殖器を引き抜こうとしたとき、メスは身をよじって鉤爪《かぎづめ》をむき出してオスを攻撃し、ひどいののしり声をあげます。

満身創痍のオスはなぜこんな目に遭うのでしょうか。実は、オスの生殖器は実に細かい棘《とげ》に被われており、しかもすべての棘がペニスの付け根方向を向いています。

これを引き抜くときにメスに大変な痛みを与えているため、痛みを感じたメスが反射的にオスを打つのです。しかも性的に力のあるオスほど棘が大きいので、オスが魅力的であるほどに、メスは痛い思いをするのだそうです。

棘のおかげで生殖器は挿入しやすく、かつ抜きにくくなっています。そして同時に、棘による痛みによってメスの排卵が促されると考えられています。

メスは交尾後25〜30時間経つと排卵が起こり、発情の盛りは3〜4日は続くので、うまい具合にその彼との子どもがつくれるというわけです。

しかし、棘が排卵を促すのは頷けますが、激しい痛みを伴うというのは腑に落ちません。痛みを伴うならば、メスは交尾を避けてしまい、やがて種族は絶えてしまうのではないか、とも考えられます。

痛みを伴う交尾について、イギリスの動物行動学者のデズモンド・モリスはこう述べました。

——したがって処女のネコには排卵はまったく起こらないということになる。だが、処女であろうとなかろうと、いったん発情したメスは『マゾヒスティック』である。

それは最初の交尾で膣壁を傷つけられてから30分もしないうちに彼女は再び積極的にセッ

クスに興味を示すからである。

交尾態勢を整え、オスを挑発する。ところが数秒で終わると、オスに殴りかかる。これが3～4日も続くのだから、考えようによってはしんどい。ネコのメスはワガママなのである——

うーむと唸ってしまいますが、確かに、満身創痍のオスたちに肩入れしたくもなります。オスの交尾の意欲は、メスに比べて早く減退します。数日のうちに、イニシアチブはメスに移り、はじめは恋の歌を歌って誘いかけていたオスを、今度はメスが走って追う姿が見られるようになります。そしてついには、メスはみずからオスの体の下に、後戻りしながら入りこむ始末となるのです。

メスはワガママ……というと、痛い思いをするメスにも気の毒ですが、放浪したりケンカをしたり、てんやわんやのオスに比べると、メスの方が実に堂々としているようにも思えます。

空気を読まないヤツが勝利する？

ネコほどの高等な動物となると、メスも単純に勝ったオスのいいなりになるとは限らないところも、面白い点です。もっとも、オスの方は、発情しているメスならどのメスでも構わないようですが、メスは一定の好みをもっています。

報告では、あるメスは、毎年、特定のあまり強くないオスとしか交尾をせず、また優位着（強いオス）からそれに対して特別の干渉を受けなかったという例もあります。

また、勝利者が転位行動であちこちの匂いを嗅いでいるあいだに、負けてうずくまっていたはずの敗者がさっさと交尾を済ませてしまうようなこともあります。

そもそも、群れという社会で生きるイヌに比べると、ネコの社会のなかで順位というものはきわめて不明確な性質をしています。

たとえば、メスの前で争うのは、初対面のオス同士が初めて出会ったときだけです。一度メスの前で激しい取っ組み合いをしあった者同士や、もともと顔見知りであれば、お互いに接触を避け、再びケンカをすることはほとんどありません。ネコは無駄な争いを避ける平和主義者、というところでしょうか。

また、ケンカの結果はその場限り、という面もあります。ケンカが強く体格が大きい者を前にして若者が怖気づくことはありますが、一度のケンカで決まった勝利者と敗者の関係がいつまでも続くというわけではないのです。

その結果、健康なオスであれば、何度でもメスにチャレンジすることができます。ネコの社会は、すべてのオスに対して、同等のチャンスを与えているというわけです。

赤外線カメラに映っていた茶トラ兄弟ですが、発情期をきっかけにその姿が見えなくなりました。兄弟2匹で放浪しているのでしょうか。下町にはノラネコとも飼いネコともつかないネコがたくさんいるので、若者2匹が生きていくのは大変でしょう。

そんなある日、駐車場で1匹のメスを中心に円をなして座りこんでいる5匹のオスを見つけました。集会ではなく、発情期のオスたちとメスです。そのなかに、茶トラ兄弟の姿はありません。

物陰からそっと観察していると、真ん中のメスは発情しているようで、コンクリートの地面に横たわり、クネクネと媚びを売るようにしています。

まわりのオスたちは座ったまま動きません。互いに牽制しあっているのでしょうが、「どうしよう……」「誰かいけよ……」と、遠慮しつつ困っているようにも見えました。

なんともいえない気まずい空気のまま、5分ほど経ったときです。塀のすき間という思わぬ方向からもう1匹、どこか汚らしいずんぐりと太ったネコが現れました。

オスだ、と思う間もなく、そいつはズケズケと歩いてきて、オスたちの円陣を突破し、メスに急接近したのです。

固まっていたオスたちは怒るでもなく、騒ぐでもなく、静かなままです。誰かが文句を言うそぶりもありません。

そんな様子から推察すると、現れたのは全員と顔見知りのオスなのでしょう。ふだん行われている集会でたびたび顔を合わせていたにちがいありません。

急接近してきたオスを見ると、メスは腹ばいになりました。すると、オスはそのままメスの首すじに咬つき、メスを地面に押さえ込みます。

まわりのオスたちも私もあっという間もなく、オスはメスにマウントし交尾をしました。一瞬で交尾を終えると、ズカズカとやってきたときと同じようなふてぶてしさで、唖然《あぜん》とするオスたちの円陣を突破し、スタスタと通りを渡っていきました。

メスは、と見れば、またクネクネと地面を転げまわっています。まわりのオスたちはますます微動だにしません。

「何というやっちゃ！　おいおい、お前たちしっかりしろよ！」とでも、残ったオスたちに声をかけたくなりました。

せめてもの救いは、そこに茶トラ兄弟がいなかったことくらいでしょう。あまり情けない姿は見たくないですから……。

イースト新書Q

Q032

飼《か》い猫《ねこ》のひみつ

今泉忠明《いまいずみただあき》

2017年9月20日　初版第1刷発行

イラスト　坂木浩子（株式会社 ぽるか）
DTP　臼田彩穂
編集　安田薫子
発行人　北畠夏影
発行所　株式会社イースト・プレス
東京都千代田区神田神保町2-4-7
久月神田ビル　〒101-0051
Tel.03-5213-4700　fax.03-5213-4701
http://www.eastpress.co.jp/
ブックデザイン　福田和雄（FUKUDA DESIGN）
印刷所　中央精版印刷株式会社

ISBN978-4-7816-8032-3

イースト新書Q

路面電車の謎　思わず乗ってみたくなる「名・珍路線」大全　小川裕夫

昭和40年代までは各地の大都市で必ず見ることができた路面電車。その後のクルマ社会の発展で風前の灯かと思われたが、21世紀に入ってから、新路線の開業や、バリアフリー対応の最新鋭車両の導入などの積極策が見られるようになった。その歴史から、線路・車両・施設・運行の謎、全国21事業者の魅力、今後の計画まで、鉄道と地方自治の第一人者が、マニア的視点から初心者にもわかりやすく解説。この一冊で、「日本の路面電車」の全貌が一気にわかる。

路線バスの謎　思わず人に話したくなる「迷・珍雑学」大全　風来堂

なぜ太川陽介&蛭子能収の「ローカル路線バス乗り継ぎの旅」はゴールが難しいのか？　「○○交通」という社名が多い理由とは？　なぜJR中央線沿線は小田急バスなのか？　路線バスに最も縁のない都道府県は？　日本最長・最短の路線は？年に1回しか走らないバスがある!?　半世紀前のバスが現役で走っている!?『秘境路線バスをゆく』シリーズなどを制作した編集・執筆陣が、全国47都道府県の路線バスのデータからディープな情報を厳選。

列車名の謎　鉄道ファンも初耳の「名・珍列車」伝説　寺本光照

鉄道ファンも知らない「列車名の法則」とは？　列車名のルーツで最も多いのは？　最も長い列車名、短い列車名とは？　幸運な列車名、悲運の列車名とは？　「サンダーバード＝雷鳥」は誤解？　なぜ準急・急行は消えたのか？　なぜJR九州の列車名はユニークなのか？　50年以上にわたる研究から国鉄～JRの約600の列車名を網羅した大著『国鉄・JR列車名大事典』を編纂した鉄道史研究の第一人者が、90年間に運行された列車名のデータを完全解析。